工业和信息化"十三五"
人才培养规划教材

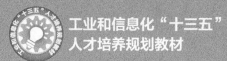

U0276716

CC2530
单片机技术与应用

Single Chip Microcomputer Technology and Application

谢金龙 黄权 彭红建 ◎ 主编

宁朝辉 潘果 武献宇 邹志贤 王宏宇 杨立雄 李阳 ◎ 副主编

人民邮电出版社
北 京

图书在版编目（CIP）数据

CC2530单片机技术与应用 / 谢金龙，黄权，彭红建
主编. -- 北京：人民邮电出版社，2018.2（2024.1重印）
工业和信息化"十三五"人才培养规划教材
ISBN 978-7-115-47293-9

Ⅰ. ①C… Ⅱ. ①谢… ②黄… ③彭… Ⅲ. ①单片微
型计算机－高等学校－教材 Ⅳ. ①TP368.1

中国版本图书馆CIP数据核字(2017)第283670号

内 容 提 要

本书全面、系统地介绍了CC2530单片机技术的基本理论及其相关应用，共分10个单元，内容包括CC2530开发入门、输入/输出应用、外部中断应用、定时器/计数器应用、串口通信应用、模/数转换应用、看门狗应用、电源低功耗管理应用、脉冲宽度调制应用、传感技术应用等。

本书所有单元均以"相关知识"梳理知识要点，以"任务实施"完成任务内容，以"任务小结"归纳知识，以"启发与思考"拓展知识点。所有任务都采用通用性、标准化、系列化进行组织，并且针对主流生产厂家的CC2530开发板的通用性、软件移植性进行阐述。

本书适合作为高等院校物联网应用技术、通信技术、计算机应用技术、计算机网络技术等相关专业的教材，也可作为物联网领域相关企业工程技术人员的培训教材和工具书。

◆ 主　　编　谢金龙　黄　权　彭红建
　　副 主 编　宁朝辉　潘　果　武献宇　邹志贤　王宏宇
　　　　　　　杨立雄　李　阳
　　责任编辑　范博涛
　　责任印制　马振武

◆ 人民邮电出版社出版发行　北京市丰台区成寿寺路11号
　　邮编　100164　电子邮件　315@ptpress.com.cn
　　网址　http://www.ptpress.com.cn
　　固安县铭成印刷有限公司印刷

◆ 开本　787×1092　1/16
　　印张　18.5　　　　　　　2018年2月第1版
　　字数　458千字　　　　　2024年1月河北第12次印刷

定价：49.80 元
读者服务热线：(010)81055256　印装质量热线：(010)81055316
反盗版热线：(010)81055315
广告经营许可证：京东市监广登字20170147号

前 言　FOREWORD

随着物联网产业的迅猛发展，企业对物联网工程应用型人才的需求越来越大。"全面贴近企业需求，无缝打造专业实用人才"是目前高校物联网应用技术专业教育改革追求的目标。为了实现这一目标，我们坚持以教学改革为中心，以实践教学为重点，不断提高教学质量，突出技能应用型特色的指导思想。本书是教育部高等院校教育人才培养模式和教学内容体系改革与建设项目成果，由高等院校物联网应用技术专业教学改革试点单位和企业联合编写。

关于本课程

本教材以 CC2530 单片机技术与应用的通用性和移植性为切入点，分别采用查询式和中断式执行，体验程序的简洁性和执行效率，内容新颖，实用性强。

关于本书

随着"工业 4.0""中国制造 2025"等国家战略指导思想的发布，智能制造逐渐成为制造业的主要发展方向，而带有物联网技术，可进行智能生产和智能操作的相关产品，将成为市场的主流。要实现智能生产和智能操作，无线通信技术是应用的瓶颈，ZigBee（一种短距离、低功耗的局域网无线通信技术）正是无线通信技术中应用最为广泛的。而实现这一切的关键，在于单片机技术的有效应用。目前物联网技术中主要使用 CC2530 单片机技术来实现无线通信和控制，但国际上尚无统一的物联网标准。我们针对国内物联网产品生产企业使用的 CC2530 单片机技术进行归纳和总结，提炼应用经验和技巧，可以为智能硬件综合应用做好技术储备。

本书按照工学结合、任务驱动、项目导向、模拟实习的人才培养模式进行教学，突出"实践性、开放性和职业性"的教学改革要求。本教材是湖南省物联网应用技术专业课程标准及学生技能抽查题库的培训教程，还是湖南省物联网专业校企合作实习实训基地的培训教程。

本书的知识结构如下。

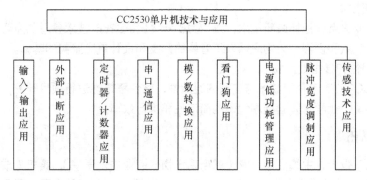

本书的基本技能如下。

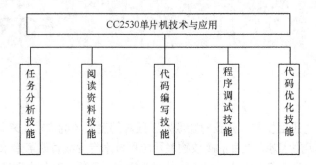

如何使用本书

本书内容可按照 60 学时安排,具体如下。

项目名称		学时
单元一	CC2530 开发入门	4 学时
单元二	输入/输出应用	6 学时
单元三	外部中断应用	6 学时
单元四	定时器/计数器应用	6 学时
单元五	串口通信应用	8 学时
单元六	模/数转换应用	4 学时
单元七	看门狗应用	6 学时
单元八	电源低功耗管理应用	6 学时
单元九	脉冲宽度调制应用	6 学时
单元十	传感技术应用	8 学时

本书特点

1. 强调技能训练和动手能力的培养,重在培养应用型人才

本书以培养 CC2530 单片机技术与应用开发能力为目标,注重 CC2530 单片机技术的应用。通过项目驱动,学生将对所学知识加强理解和提升,强化自身分析问题和解决问题的能力,增强创新实践能力。

2. 跟踪最新技术

本书关注行业热点,把握最新技术,以 2016 年《ESP8266 技术参考》为蓝本,结合最新应用技术,选取知识点和例程,为物联网人工智能的开发和设计奠定坚实的基础。

3. 注重通用性和移植性开发

针对目前 CC2530 单片机技术与应用的通用性、软件移植性进行项目开发,本书分别采用查询式和中断式实现,让学生体验程序代码的简洁性和执行效率。

本书编写队伍

本书编写队伍强大,主编由谢金龙(湖南现代物流职业技术学院)、黄权(成都无线龙通信科技有限公司)、彭红建(中南大学)担任,宁朝辉(湖南非凡联创科技有限公司)、潘果、武献宇、邹志贤、王宏宇、杨立雄、李阳(湖南现代物流职业技术学院)担任副主编。本书的编写成员多为一线教师,而且均具有企业实践经验,是名副其实的"双师型"教师。此外,在本书的编写过程中,

我们还邀请了企业的资深专家参与编写，保证了教材内容的实用性，让学生学以致用。

本书在编写过程中，还参考和引用了国内外相关的文献资料，吸收和听取了国内外许多资深人士的宝贵经验和建议，取长补短。在此谨向对本书编写、出版提供过帮助的人士表示衷心的感谢！

由于编者水平有限，书中难免存在不妥之处，敬请广大读者批评指正。您的宝贵意见请反馈到邮箱 498073710@qq.com。

编　者
2017 年 9 月

目 录 / CONTENTS

1 Chapter

CC2530

单元一
CC2530 开发入门

📖 单元目标

知识目标：

- 理解单片机的概念和特点。
- 掌握单片机的类型。
- 了解单片机的内部构成。
- 了解单片机开发的语言和工具。

技能目标：

- 掌握 CC2530 单片机烧写程序的操作步骤和方法。
- 掌握使用 IAR 建立 CC2530 程序的环境参数配置。
- 掌握使用物理地址烧写软件 SmartRF 将 Hex 文件烧写到 CC2530 单片机的方法。

任务一　CC2530 实现点亮 LED 灯效果

一、任务描述

使用 IAR 新建工程，设置工程参数，结合电路图，利用寄存器实现点亮 LED 灯，利用 CC Debugger 仿真下载器将程序文件烧写到 CC2530 单片机中，观察 LED 灯的效果。

二、任务目标

1. 训练目标

① 本任务要求了解 IAR 软件的操作环境和基本功能。

② 掌握工程选项的设置技能。

③ 掌握创建工程和管理工程的技能。

④ 了解基本的编译和调试技能。

⑤ 学习使用观察窗口。

2. 素养目标

① 培养学生在工作现场的 6S 意识和用电安全意识。

② 爱惜工具，注重场地整洁。

③ 具备积极、主动的探索精神。

三、相关知识

1. 单片机的基本知识

单片微型计算机（single chip microcomputer, MCU）简称单片机，是典型的嵌入式微控制器。它不是完成某一个逻辑功能的芯片，而是把一个计算机系统集成到一个芯片上。单片机由运算器、控制器、存储器、输入输出设备构成，相当于一台微型的计算机（最小系统）。和计算机相比，单片机缺少外围设备（简称外设）。单片机的体积小、质量轻、价格低，为学习、应用和开发提供了便利条件。同时，学习使用单片机是了解计算机原理与结构的最佳选择，它最早被用于工业控制领域。

单片机由芯片内仅有 CPU 的专用处理器发展而来，最早的设计理念是通过将大量外围设备和 CPU 集成在一个芯片中，使计算机系统更小，更容易集成到复杂的、对体积要求严格的控制设备中。

（1）单片机的特点

1）高集成度，体积小，高可靠性

单片机将各功能部件集成在一块芯片上，集成度很高，体积自然也是最小的。芯片本身是按工业测控环境要求设计的，内部布线很短，其抗工业噪音的性能优于一般通用 CPU。单片机内的程序指令、常数及表格等固化在 ROM 中不易破坏，而且许多信号通道均在一个芯片内，故可靠性高。

2）控制功能强

为了满足对对象的控制要求，单片机的指令系统均有极丰富的条件:分支转移能力，I/O 口的逻辑操作及位处理能力，非常适用于专门的控制功能。

3）低电压，低功耗，便于生产便携式产品

为了满足广泛使用于便携式系统，许多单片机内的工作电压仅为 1.8～5V，而工作电流仅为数百微安。

4）易扩展

片内具有计算机正常运行所必需的部件。芯片外部有许多用于扩展的三总线及并行、串行输入/输出引脚，很容易构成各种规模的计算机应用系统。

5）优异的性能价格比

单片机的性能极高。为了提高速度和运行效率，单片机已开始使用 RISC 流水线和 DSP 等技术。单片机的寻址能力也已突破 64KB 的限制，有的可达到 1MB 和 16MB，片内的 ROM 容量可达 62MB，RAM 容量则可达 2MB。由于单片机的广泛使用，其销量极大，各大公司的商业竞争使其价格十分低廉，其性能价格比极高。

（2）单片机的分类

根据不同的情况，单片机可以从不同的角度分类，主要包括以下 3 种分类方式。

1）按数据处理位数分类

计算机处理的是二进制数据，每次运算处理的数据是字节（byte）的整数倍，而每个字节由 8 位二进制数构成。因此，目前的单片机按照数据处理位数分类主要有 8 位、16 位和 32 位单片机。

其中，8 位单片机由于内部构造简单、体积小、成本低等优势，应用最为广泛。4 位单片机主要应用于工业控制领域。随着工艺的发展，由于 4 位单片机性能比较低，目前已逐步退出市场。而 16 位和 32 位单片机虽然性能比 8 位的强得多，但由于成本和应用场合的限制，尤其是近年来 ARM 嵌入式技术的发展，导致它的应用空间也不如 8 位单片机广泛。16 位和 32 位单片机主要应用于视频采集、图形处理等方面。

目前，世界各大电子电器公司基本上都有自己的单片机系列产品，如三星公司（Samsung corporation）的 KS86 和 KS88 系列 8 位单片机，飞利浦公司（Philips corporation）的 P89C51 系列 8 位单片机，爱特梅尔公司（Atmel corporation）的 AT89 系列 8 位单片机等。

2）按内核分类

单片机按内核分为 51 系列、PIC 系列、AVR 系列、430 系列。

目前，在物联网领域应用较为广泛的有德州仪器公司（Texas Instruments，TI）的 MSP430 系列，爱特梅尔公司（Atmel corporation）的 AVR 系列、51 系列，美国微芯科技公司（Microchip Technology corporation）的 PIC 系列。除了单片机含有的外设种类和数量存在一定差异外，处理器的差异是体现单片机性能差异的关键所在。

3）按指令类型分类

单片机按指令类型可以分为精简指令集（Reduced Instruction Set Computer，RISC）和复杂指令集(Complex Instruction Set Computer, CISC)。复杂指令集指令多而且复杂，执行效率也不高。典型的就是以 8051 为内核的单片机。根据对复杂指令集的研究，发现其中经常用到的指令只占整个指令集的 30%，所以就发明了现在的精简指令集。

（3）单片机的内部结构

单片机主要由运算器、控制器、存储器、输入设备和输出设备组成，其内部结构如图 1.1 所示。

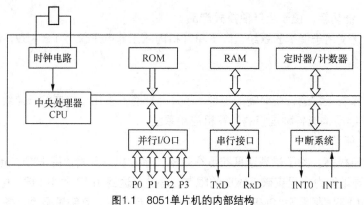

图1.1　8051单片机的内部结构

1）中央处理器

运算器和控制器是核心，合称中央处理器（Central Processing Unit，CPU）或中央处理单元。CPU 的内部还有一些高速存储单元，被称为寄存器。其中，运算器执行所有的算术和逻辑运算；控制器负责把指令逐条从存储器中取出，经译码后向计算机发出各种控制命令；而寄存器为处理单元提供操作所需要的数据。

2）存储器

存储器主要包括只读存储器（ROM）和随机存储器（RAM）两种。ROM 主要保存单片机运行所需要的程序和数据，当系统断电后，这些数据不会丢失。RAM 主要用来保存单片机运行的临时数据。

3）输入设备和输出设备

输入设备和输出设备主要包括并行 I/O 端口和串行接口等通信方式。

并行 I/O 端口即输入（Input）/输出（Output）引脚，这是单片机与外部电路和器件主要联系的端口，它既可以接收外界输入的电平信号，也可以向外发送指定的电平信号。多个 I/O 端口构成一组传输端口（Ports）。8 位单片机的 8 个 I/O 端口构成一组，16 位单片机的 16 个 I/O 端口构成一组。这种分组方式便于字节数据或字数据的传输。

串行通信是一条信息的各位数据逐位按顺序传送的通信方式。其数据传送按位顺序进行，最少只需要一根传输线即可。串行通信主要采用通用异步收发传输器（Universal Asynchronous Receiver and Transmitter，UART）实现。其中，RxD 表示接收数据端口，TxD 表示发送数据端口。

4）时钟电路

时钟电路主要为单片机提供运行所需要的节拍信号，每到来一个节拍，单片机就执行一步操作，所以时钟电路提供的信号频率越高，单片机的运行速度就越快，相应的功耗也越大。

5）中断控制系统

中断是指CPU按顺序逐条执行程序指令的期间，由CPU外界或内部产生的一个例外的要求，要求 CPU 暂时停下目前的工作，转而进行必要的处理，以便满足突如其来的状况。

中断的种类大体来说，主要包括硬体中断、软体中断两类。硬体中断的形成，通常是外界的硬体装置利用由 CPU 拉出的中断要求信号线来通知 CPU 中断的请求；软体中断，通常是 CPU 自己引发的，比如说执行了不该执行的指令、计算错误或者执行了某个用来产生软体中断的指令。

6）定时器/计数器

单片机提供定时器/计数器，用来实现定时或计数的功能，以降低CPU 的工作负担。

总之，单片机将 CPU、存储器、输入/输出设备、中断控制系统、定时器/计数器和通信等多种功能部件集成到一块硅片上，从而构成一个体积小但功能完善的微型计算机系统。

（4）单片机的应用领域

1）单片机在智能仪器仪表中的应用

单片机被引入各类仪器仪表中，使仪器仪表智能化，可提高测试的自动化程度和精度，简化仪器仪表的硬件结构，提高其性能价格比。

2）单片机在机电一体化中的应用

机电一体化是机械工业发展的方向。机电一体化产品是指集成机械技术、微电子技术、计算机技术于一体，具有智能化特征的机电产品，如微机控制的车床、钻床等。单片机作为产品中的控制器，能充分发挥其体积小、可靠性高、功能强等优点，可大大提高机器的自动化、智能化程度。

3）单片机在日常生活及家用电器领域的应用

自单片机诞生后，它就步入了人们的生活，如洗衣机、电冰箱、空调器、电子玩具、 电饭煲、视听音响设备等家用电器配上单片机后，提高了智能化程度，增加了功能，备受人们喜爱。单片机将使人们的生活更加方便、舒适、丰富多彩。

4）单片机在实时过程控制中的应用

单片机可实时进行数据处理和控制，使系统保持最佳工作状态，可提高系统的工作效率和产品的质量。

5）单片机在办公自动化设备中的应用

现代办公室使用的大量通信和办公设备大多都嵌入了单片机，如打印机、复印机、传真机、绘图机、考勤机、电话以及通用计算机中的键盘译码、磁盘驱动等。

6）单片机在商业营销设备中的应用

在商业营销系统中已广泛使用的电子秤、收款机、条形码阅读器、IC 卡刷卡机、出租车计价器以及仓储安全监测系统、商场保安系统、空气调节系统等，都采用了单片机控制。

7）单片机在计算机网络和通信领域中的应用

现在的单片机普遍具备通信接口，可以很方便地与计算机进行数据通信，为在计算机网络和通信设备间的应用提供了极好的物质条件。现在的通信设备基本上都实现了单片机智能控制，从电话机、小型程控交换机、楼宇自动通信呼叫系统、列车无线通信，再到日常工作中随处可见的移动电话、集群移动通信、无线电对讲机等。

8）单片机在医用设备领域中的应用

单片机在医用设备中的用途也相当广泛，如医用呼吸机、各种分析仪、监护仪、超声诊断设备及病床呼叫系统等。

9）单片机在汽车电子产品中的应用

现代汽车的集中显示系统、动力监测控制系统、自动驾驶系统、通信系统和运行监视器（黑匣子）等都离不开单片机。

综上所述，单片机已成为计算机发展和应用的一个重要方面。另一方面，单片机应用的重要意义还在于，它从根本上改变了控制系统传统的设计思想和设计方法。从前必须由模拟电路或数字电路实现的大部分功能，现在已能用单片机通过软件的方法实现了。这种软件代替硬件的控制技术也称为微控制技术，是传统控制技术的一次革命。

2. CC2530 简介

CC2530 是用于 IEEE 802.15.4 和 RF4CE 应用的一个真正的 SoC 解决方案。它能够以非常低的总材料成本建立强大的网络节点。CC2530 结合了领先的 RF 收发器的优良性能，业界标准的增强型 8051 CPU，系统内可编程闪存，8KB RAM 和许多其他的强大功能。CC2530 有 4 种不同容量的闪存：CC2530F32/64/128/256，分别具有 32/64/128/256KB 的闪存。CC2530 具有不同的运行模式，使得它尤其适合具有超低功耗要求的系统，其各运行模式之间的转换时间短，进一步确保了低能源消耗。

CC2530F256 结合了 TI 公司业界领先的黄金单元 CC2530 协议栈（Z–StackTM），提供 CC2530 解决方案。

CC2530F64 结合了 TI 公司的黄金单元 RemoTI，更好地提供了完整的 CC2530 RF4CE 远程控制解决方案。

图 1.2 所示为 CC2530 的方框图，图中模块大致可以分为 3 类：CPU 和内存相关的模块，外设、时钟和电源管理相关的模块以及无线电相关的模块。

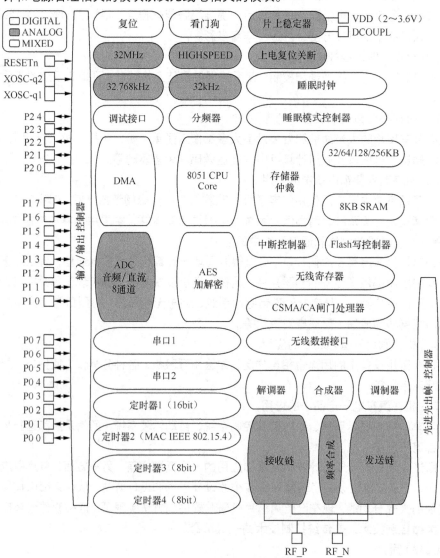

图1.2 CC2530方框图

（1）CPU 和内存

CC2530 芯片中使用的 8051CPU 内核是一个单周期的 8051 兼容内核。它有 3 种不同的内存访问总线，分别用于访问特殊功能寄存器（SFR）、数据（DATA）和代码/外部数据（CODE/XDATA）。此外，它还包括一个调试接口和一个 18 路输入扩展中断单元。

CC2530 使用单周期访问 SFR、DATA 和主 SRAM。

中断控制器总共提供 18 个中断源，分为 6 个中断组，每个与 4 个中断优先级之一相关。当 CC2530 处于空闲模式时，任何中断都可以将 CC2530 恢复到主动模式。某些中断还可以将 CC2530 从睡眠模式唤醒（供电模式 1～3）。

内存仲裁器位于系统中心，它通过 SFR 总线把 CPU 和 DMA 控制器与物理存储器和所有外设连接起来，内存仲裁器有 4 个内存访问点，每次访问可以映射 3 个物理存储器之一：8KB SRAM、闪存（Flash）存储器和 XREG/SFR 寄存器。它负责执行仲裁，并确定同时访问同一个物理存储器之间的顺序。

8KB SRAM 映射到 DATA 存储空间和部分 XDATA 存储空间。8KB SRAM 是一个超低功耗的 SRAM，即使数字部分掉电（供电模式 2 和 3），也能保留其内容。对于低功耗应用来说，是很重要的一个功能。

CC2530 的 Flash 容量可以选择，有 32KB、64KB、128KB、256KB，这就是 CC2530 的在线可编程非易失性程序存储器，并且映射到 CODE 和 XDATA 存储空间。除了保存程序代码和常量之外，非易失性程序存储器允许应用程序保存必须保留的数据，这样设备重启之后可以使用这些数据。使用这个功能，可以利用已经保存的网络的具体数据，从而不需要经过完全启动、网络寻找和加入过程，系统再次上电后就可以直接加入网络中。

（2）时钟和电源管理

数字内核和外设由一个 1.8V 低压差稳压器供电。它提供了电源管理功能，可以实现使用不同供电模式的长电池寿命的低功耗运行。CC2530 有 5 种不同的复位源来复位设备。

（3）外设

CC2530 包括许多不同的外设，允许应用程序设计者开发先进的应用。

调试接口是一个专有的两线串行接口，用于内电路调试。通过这个调试接口，可以执行整个闪存存储器的擦除、控制振荡器、停止和开始执行用户程序、执行 8051 内核提供的指令、设置代码断点，以及内核中全部指令的单步调试。使用这些技术，可以很好地执行内电路的调试和外部闪存的编程。

设备含有闪存存储器及存储程序代码。闪存存储器可通过用户软件和调试接口编程。闪存控制器处理写入和擦除嵌入式闪存存储器。闪存控制器允许页面擦除和 4 字节编程。

I/O 控制器负责所有通用 I/O 引脚。CPU 可通过配置外设模块来控制某个引脚，或者决定它们是否受软件控制。如果是外设模块，则每个引脚配置为一个输入/输出，并连接一个上拉或下拉电阻；如果是受软件控制，则将该引脚上使能，将 I/O 引脚作为外部中断源的输入口，以确保在不同应用程序中的灵活性。以确保在不同应用程序中的灵活性。

系统可以使用一个多功能的 5 通道 DMA 控制器，使用 XDATA 存储空间访问存储器，因此能够访问所有物理存储器。每个通道（触发器、优先级、传输模式、寻址模式、源和目标指针及传输计数）用 DMA 描述符在存储器任何地方配置。许多硬件外设（AES 内核、闪存控制器、USART、定时器、ADC 接口）通过使用 DMA 控制器在 SFR 或 XREG 地址和闪存/SRAM 之间进行数据传输，获得高效率操作。定时器 1 是一个 16 位定时器，具有定时器/PWM 功能。它有一个可编程的分频器、一个 16 位周期值和 5 个各自可编程的计数器/捕获通道，每个都有一个 16

位比较值。每个计数器/捕获通道都可以用作一个 PWM 输出或捕获输入信号边沿的时序。它还可以配置在 IR 产生模式，计算定时器 3 的周期，输出和定时器 3 的输出相与，用最小的 CPU 互动产生调制的消费型 IR 信号。

MAC 定时器（定时器 2）是专门为支持 IEEE 802.15.4 MAC 或软件中其他时槽的协议设计的。该定时器有一个可配置的定时器周期和一个 8 位溢出计数器，可以用于保持跟踪已经经过的同期数。一个 16 位捕获寄存器也用于记录收到/发送一个帧开始界定符的精确时间，或传输结束的精确时间，此外还有一个 16 位输出比较寄存器，可以在具体时间产生不同的选通命令（开始 RX、开始 TX 等）到无线模块。定时器 3 和定时器 4 是 8 位定时器，具有定时器/计数器/PWM 功能。它们有一个可编程的分频器、一个 8 位的周期值、一个可编程的计数器通道，以及有一个 8 位的比较值。每个计数器通道都可以用作一个 PWM 输出。

睡眠定时器是一个超低功耗的定时器，计算晶振或 32kHz RC 振荡器的周期（XOSC_Q1 和 XOSC_Q2 之间采用 32MHz 晶振，32k_Q1 和 32k_Q2 之间采用 32.768kHz 晶振）。睡眠定时器在除供电模式 3 之外的所有工作模式下不断运行。该定时器的典型应用是作为实时计数器，或作为一个唤醒定时器跳出供电模式 1 或 2。

ADC 支持 7~12 位的分辨率，分别在 30kHz 或 4kHz 的带宽。DC 和音频转换可以使用高达 8 个输入通道（端口 0），输入可以选择作为单端或差分。参考电压可以是内部电压、AVDD 或一个单端或差分外部信号。ADC 还有一个温度传感输入通道。ADC 可以自动执行定期抽样或转换通道序列的程序。

随机数发生器使用一个 16 位 LFSR 来产生伪随机数，它可以被 CPU 读取或由选通命令处理器直接使用。例如，随机数可以用于产生随机密钥，提高系统安全性。

AES 加密解密内核允许用户使用带有 128 位密钥的 AES 算法加密和解密数据。该内核支持 IEEE 802.15.4 MAC 安全、CC2530 网络层和应用层要求的 AES 操作。

一个内置的看门狗允许 CC2530 在固件挂起的情况下复位自身。当看门狗定时器由软件使用时，它必须定期清除；否则，当它超时则复位设备。此外，它可以配置一个通用 32kHz 定时器。

串口 1（USART 0）和串口 2（USART 1）被配置为一个 SPI 主/从或一个 UART。它们为 RX 和 TX 提供双缓冲，以及硬件流控制。因此，非常适合高吞吐量的全双工应用。每个串口都有自己的高精度波特率发生器，可以使普通定时器空闲出来用作其他用途。

四、任务实施

对于单片机的开发环境，软件方面涉及编程语言、编辑编译和调试环境的选择问题。根据应用对象的特点选择合适的编程语言和开发工具，是解决问题的首要任务。

单片机的编程环境一般有两种：汇编语言和 C 语言。无论是采用 C 语言，还是汇编语言，都各有利弊。虽然对汇编语言的娴熟使用需要一定的时间，而且调试时困难很大，但其程序执行效率高是不争的事实。C 语言虽易学易用，但对于一些底层和重复性操作，采用 C 语言实现效率偏低。所以在开发过程中，推荐采用 C 语言和汇编语言相结合的编程方式，以充分发挥两者的优势。例如，通常用汇编语言编写底层的实现硬件的操作，把与硬件无关或相关性较小的部分用 C 语言实现。当然，要充分发挥两者的性能优势，需要对 C 语言编译器有一定的了解，并注重平时的积累。

1. CC2530 开发环境简介

本书的实验平台选用嵌入式开发工具（IAR Embedded Workbench, EW）作为 CC2530 的开发环境。嵌入式开发工具的 C/C++交叉编译器和调试器是目前世界上最完整的和最容易使用的专业嵌入式应用开发工具之一。嵌入式开发工具对不同的微处理器提供相同的直观用户界面。嵌入式开发工具已经支持 35 种以上的 8 位/16 位/32 位微处理器。

嵌入式开发工具包括嵌入式 C/C++编译器、汇编器、连接定位器、库管理员、编辑器、项目管理器和 C-SPY 调试器。IAR 编译器使代码更加紧凑和优化，节省硬件资源，最大限度地降低产品成本，提高产品竞争力。

IAR Embedded Workbench 集成的编译器主要产品特征如下。

① 高效的 PROMable 代码。

② 完全兼容标准 C 语言。

③ 内建对应芯片的程序速度和大小优化器。

④ 目标特性扩充。

⑤ 版本控制和扩展工具支持良好。

⑥ 便捷的中断处理和模拟。

⑦ 瓶颈性能分析。

⑧ 高效浮点支持。

⑨ 内存模式选择。

⑩ 工程中相对路径支持。

IAR Embedded Workbench 是一套完整的集成开发工具集合：包括从代码编辑器、工程的建立到 C/C++编译器、连接器和调试器的各类开发工具。它和各种仿真器、调试器紧密结合，使用户在开发和调试过程中，仅使用一种开发环境界面，就可以完成多种微控制器的开发工作。

2. CC2530 开发环境安装

IAR Embedded Workbench 的安装如同 Windows 操作系统中的其他软件一样，双击 setup.exe 进行安装。双击后会出现图 1.3 所示的界面。

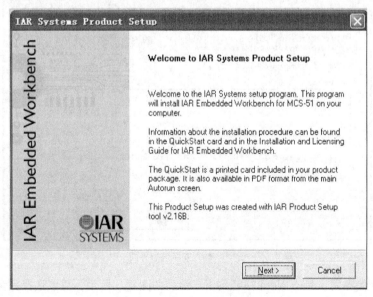

图1.3　IAR软件安装起始界面图

单击 Next 按钮到下一步，分别填写你的名字、公司及认证序列号，如图 1.4 所示。
注：认证序列（License number）和 Lisence key 由注册机生成。

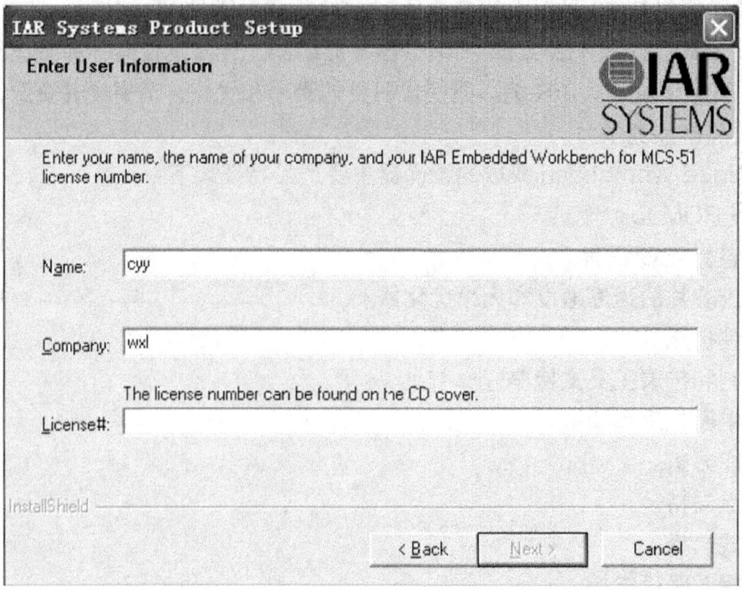

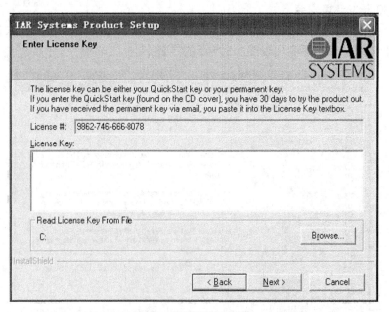

图1.4　IAR软件安装界面

正确填写后，单击 Next 按钮到下一步，填写由本计算机的机器码和认证序列号生成的序列密钥，如图 1.5 所示。

图1.5　输入安装信息界面

输入正确的信息后，单击 Next 按钮到下一步，如图 1.6 所示，可以选择完全安装或典型安装，这里选择完全安装。

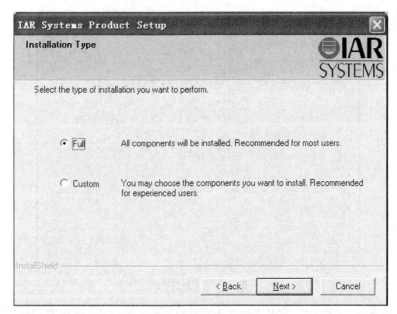

图1.6 选择安装类型界面

单击 Next 按钮到下一步，这里可以查证之前输入的信息是否正确，如图 1.7 所示。如果需要修改，单击 Back 按钮返回修改。

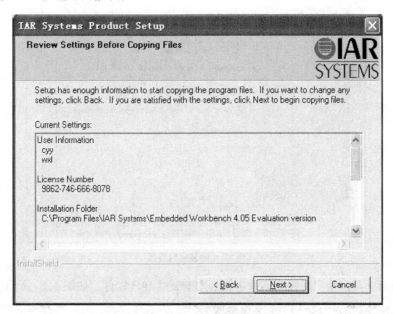

图1.7 安装信息确认界面

单击 Next 按钮正式开始安装，可以查看安装进度，如图 1.8 所示。安装过程将需要几分钟的时间，请耐心等待。

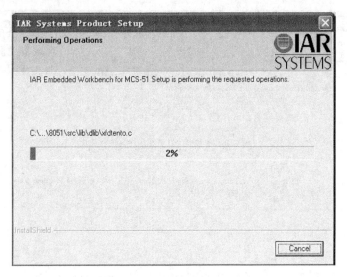

图1.8 安装进度界面

当安装进度显示100%时，会出现图1.9所示的界面。此时可选择查看IAR的介绍以及立即运行IAR开发集成环境。单击Finish按钮来完成安装。

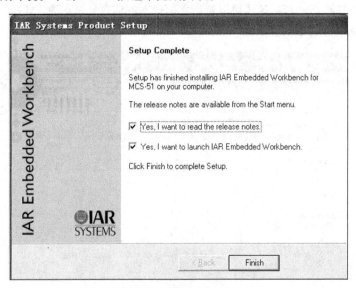

图1.9 安装完成界面

完成安装后，可以从"开始"菜单中找到刚安装的IAR软件，如图1.10所示。

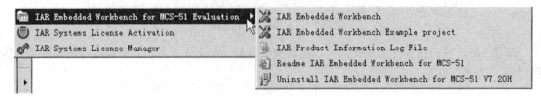

图1.10 运行IAR 软件

3. 安装仿真器驱动程序

（1）自动安装仿真器的驱动程序

成功安装 IAR 软件后，由于 IAR 软件中含有仿真器的驱动程序，所以连接仿真器与 PC 后可以自动安装仿真器的驱动程序。具体操作如下。

将仿真器通过附带的 USB 线缆连接到 PC，在 Windows XP 系统下，系统发现新硬件后，弹出提示对话框，选择自动安装软件，单击"下一步"按钮，如图 1.11 所示。

图1.11　硬件安装向导

系统识别出仿真器，如图 1.12 所示。

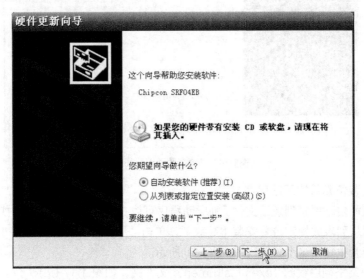

图1.12　自动安装示意图

向导会自动搜索并复制驱动文件到系统，如图 1.13 所示。

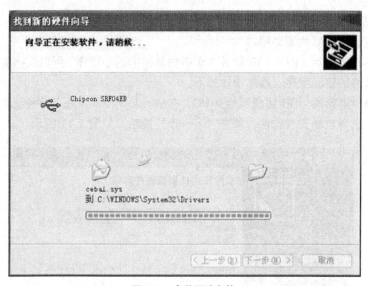

图1.13　安装驱动文件

系统安装完驱动程序后，弹出安装完成对话框，单击"完成"按钮退出安装，如图 1.14 所示。

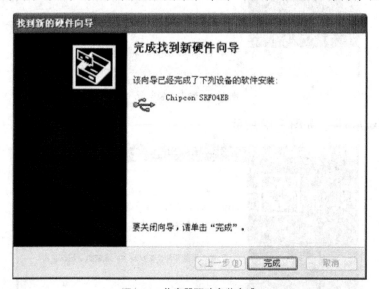

图1.14　仿真器驱动安装完成

（2）手动安装仿真器的驱动程序

如果向导未能自动搜索到驱动文件，则驱动程序可以在 IAR 的安装文件中找到。在硬件安装向导中，选择"从列表或指定位置安装（高级）"，单击"下一步"按钮，如图 1.15 所示。

选择"在搜索中包括这个位置"，如图 1.16 所示。

在 IAR 的安装路径中找到 Texas Instruments 文件夹，如图 1.17 所示。

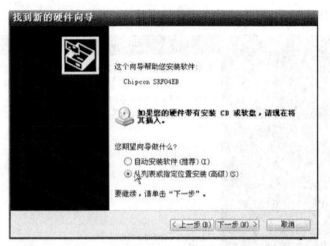

图1.15　手动安装

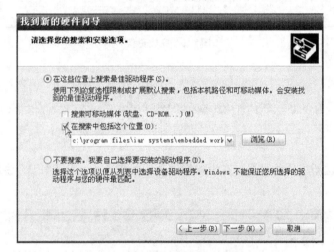

图1.16　添加搜索位置示意图

图1.17　指定搜索位置路径示意图

按系统提示操作，直至完成安装，如图 1.18 所示。

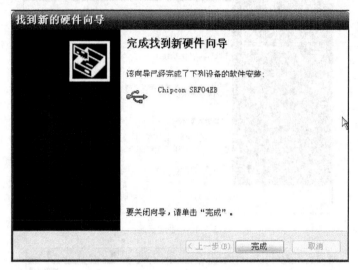

图1.18　完成安装

安装完成后，重新拔插仿真器，在设备管理器中找到 SmartRF04EB，说明驱动程序安装完成，如图 1.19 所示。

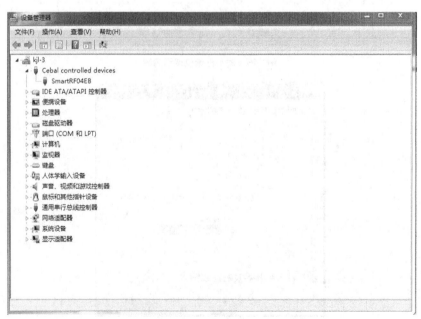

图1.19　仿真器驱动程序安装成功示意图

4. 软件应用

（1）新建一个工程

新建一个文件夹，用于保存工程文件。打开 IAR EW 软件，选择 Project→Create New Project，如图 1.20 所示。

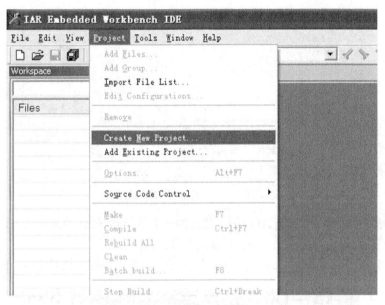

图1.20 新建一个工程

在弹出的对话框中，选择 Empty project，如图 1.21 所示。

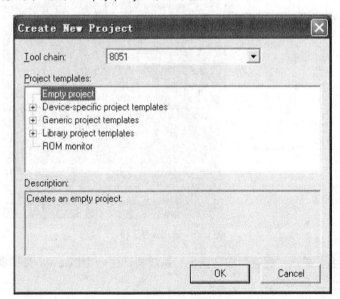

图1.21 选择配置

单击"OK"按钮，弹出"另存为"对话框，如图 1.22 所示。

图1.22　"另存为"对话框

这时候选择将其保存在之前已在桌面上建立的一个名为 project 的文件夹中，并将项目也取名为"project"，此时会产生一个 .ewp 后缀的文件。

然后选择 File→Save Workspace，如图 1.23 所示，弹出保存工程对话框，如图 1.24 所示。

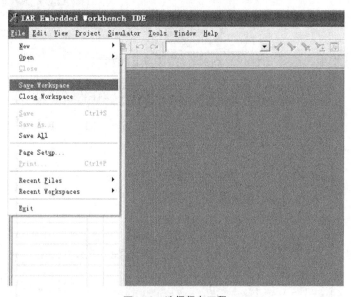

图1.23　选择保存工程

输入工程文件名，单击"保存"按钮退出，系统将产生一个以.eww 为扩展名的文件。这样，就建立了 IAR 的一个工程文件。

（2）参数设置

下面为这个工程添加一些特有的配置。选择 Project→Options，如图 1.25 所示。

图1.24 保存工程对话框

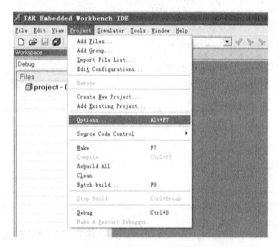

图1.25 打开工程选项

显示工程选项界面，如图 1.26 所示。

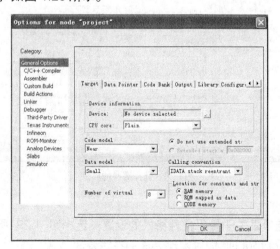

图1.26 工程选项界面

　　工程选项界面需要设置很多必要的参数，下面我们针对 CC2530 来配置这些参数。

1）General Options 设置

　　在 General Options→Target 选项中，Device 选择为 CC2530F256，如图 1.27 和图 1.28 所示。由于 CC2530PRO 协议栈是以 CC2530 为基准的，所以这里将 Device 选择为 CC2530 F256，CC2531 与 CC2530 的区别很小。

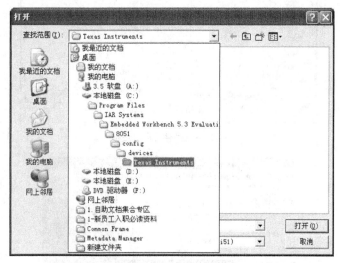

图1.27　找到Texas Instruments文件夹

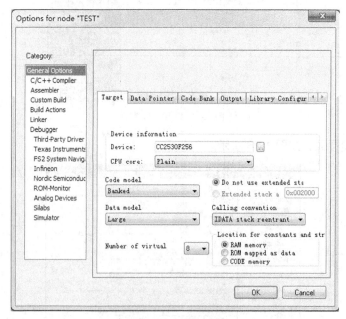

图1.28　选择需要的芯片

2）Linker 设置

　　Linker→Output 选项是关于输出文件格式的设置。选择图 1.29 所示的选项，勾选 Allow C-SPT-specific extra output file 即可实现 IAR 的在线调试。

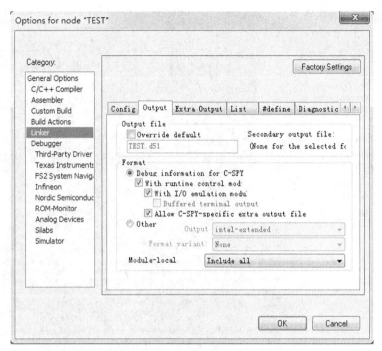

图1.29 设置Output

3）Debugger 设置

如图 1.30 所示，在 Debugger→Setup→Driver 选项选择为 Texas Instruments。

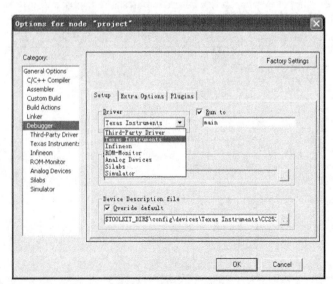

图1.30 设置Debugger

至此，对整个项目的基本设置就完成了，现在开始第一个项目的开发。

（3）第一个项目

新建一个 C 文件，在 File→New→File 选项新建并保存，如图 1.31 和图 1.32 所示。

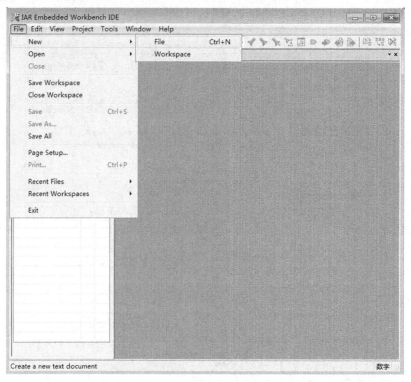

图1.31　新建一个文件

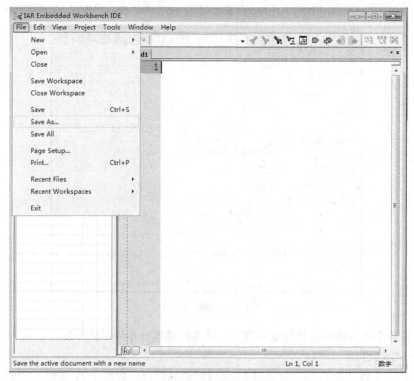

图1.32　保存文件

输入文件名后单击"保存"按钮，如图 1.33 所示。如果是 C 文件，请务必添加".c"扩展名，否则会以文本文件存档。

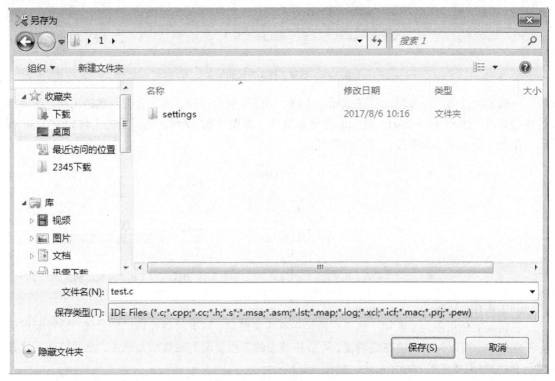

图1.33 输入文件名并保存

右击刚创建的工程，在弹出的快捷菜单中选择 Add→Add "test.c"，如图 1.34 所示。新建工程文件的结构如图 1.35 所示。

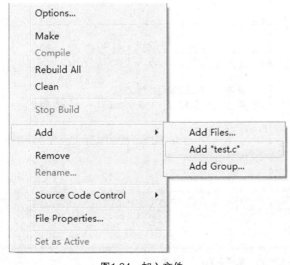

图1.34 加入文件

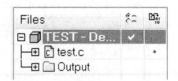

图1.35 新建工程文件结构示意

打开新建文件，添加代码，如图 1.36 所示。

```
1 #include "ioCC2530.h"    //引用头文件
2
3 void main(void)
4 {
5   P1SEL &= ~0xff;//设置P1口所有位为普通IO口
6   P1DIR |= 0xff;//设置P1口所有位为输出口
7
8   P1 = 0xff;//点亮P1端口组的LED灯,
9           //需要分析电路图,决定置0,还是置1
10 }
11
```

图1.36　新建工程文件代码示意

一般工程按照上述步骤即可完成新建工程。对于复杂的程序,首先右击创建的工程,在弹出的快捷菜单中选择 Add→Add Group 命令新建组,如图 1.37 所示。建好组的工程如图 1.38 所示。接着按照上述步骤添加代码文件即可。

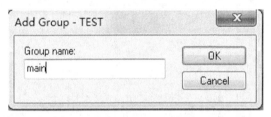

图1.37　工程添加组示意1

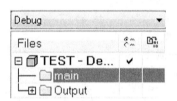

图1.38　工程添加组示意2

（4）编译与调试

在实际的使用中,如果 IAR 的工程路径中有中文路径,则有可能在调试的时候,设置断点后会不能生效。所以为了方便在线调试,可以将建立的工程复制到磁盘根目录中,然后打开工程并执行 Project 菜单中的 Make 命令,如图 1.39 所示。

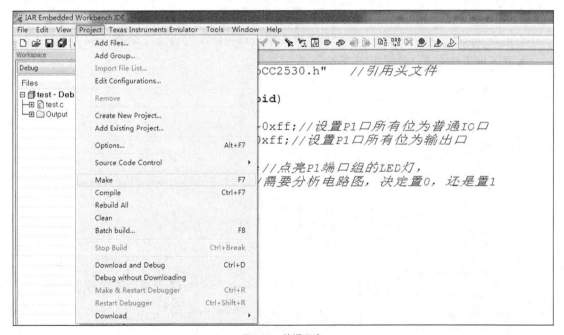

图1.39　编译示意

可以使用 Make 命令编译,也可以通过 Rebuild All 命令执行全部编译（用 Make 命令只会编译修改过的文件）。编译后只要没有错误就可以使用了，一般警告可以忽略。有关错误和警告的提示信息如图 1.40 所示。

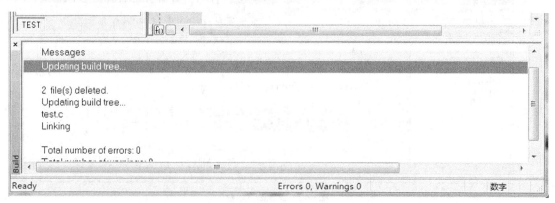

图1.40 提示信息

编译没有错误后，就可以下载程序了。单击 Debug，执行下载程序。下载程序完成后，软件会进入在线仿真模式，如图 1.41 所示。

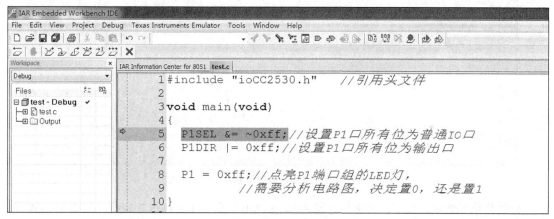

图1.41 Debug示意

其中 ，各按钮的功能如下。

- 　：复位（Reset）。
- 　：停止运行（Break）。
- 　：单步执行，会跳过函数体（Step Over）。
- 　：跳入函数体中（Step Into）。
- 　：跳出函数体（Step Out）。
- 　：每次执行一个语句（Next Statement）。
- 　：运行到光标位置（Run to Cursor）。
- 　：全速运行（Go），快捷键为 F5。
- ✗：结束调试（Stop Debugging）。

在仿真模式中，可以对这个文件设置断点。断点的设置方法是，首先选择需要设置断点的行，然后单击 Toggle Breakpoint 按钮设置断点。设置好后，这行代码会变为红色，表示断点设置已经完成，如图 1.42 所示。

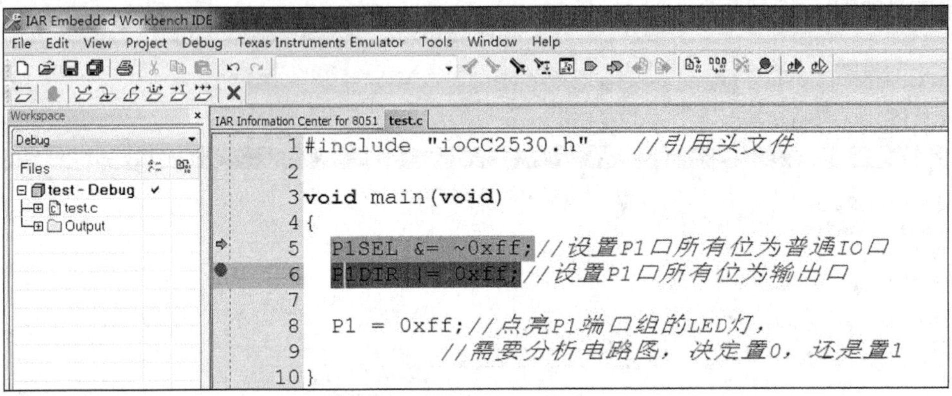

图1.42　设置断点示意

然后执行全速运行，当执行到断点时会停止在断点处，如图 1.43 所示。

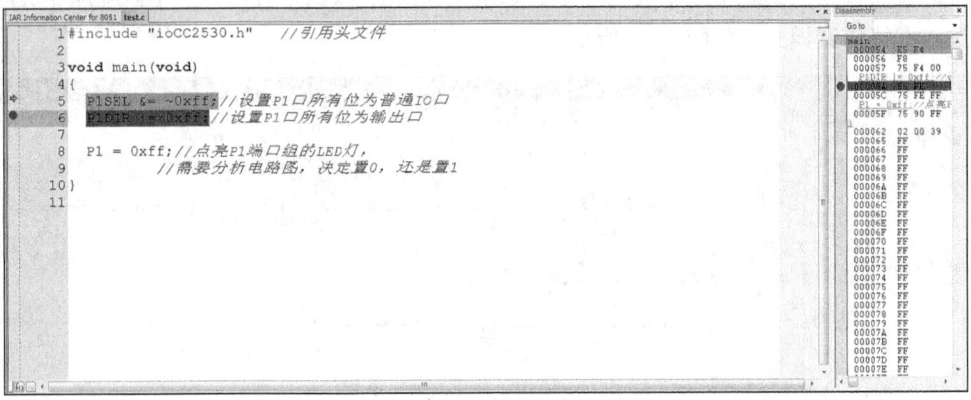

图1.43　运行示意

此时用鼠标选中 P1DIR，右击并选择 Add to Watch 或 Quick Watch 命令，如图 1.44 所示。

图1.44　Watch查看

这个步骤的作用是查看相应寄存器中的值，如果是一个变量，就可以查看这个变量的值。该值在 Watch 中可以看到，如图 1.45 所示。

图1.45 查看寄存器中的值

（5）标记行号和字体

IAR 中设置字体大小，设置关键字的颜色及行号显示的方法。选择 tools 菜单中的 options 命令进入设置。在打开的 IDE Options 对话框中选择 Editor，勾选 Show line number 复选框，可显示行号，如图 1.46 所示。

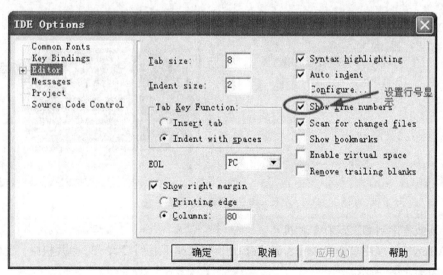

图1.46 行号示意图

选择 Editor→Colors and Fonts，便可以设置字体，如图 1.47 所示。

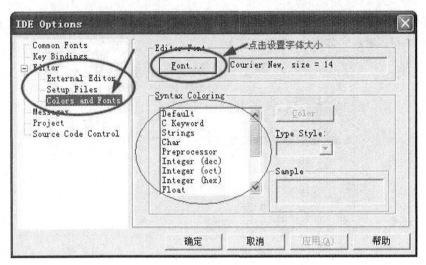

图1.47 字体标记示意图

5. 下载到 CC2530 单片机

（1）烧写器连接

CC2530 与烧写器相连，烧写器通过 USB 与计算机连接。CC2530 底板供电是 5V 电源，一定不要接错了电源，一旦连接了 12V 的电源，底板将被烧坏，注意下载线缆有红色边的一侧朝天线方向，如图 1.48 所示。

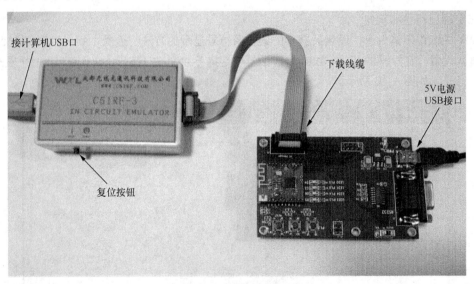

图1.48 硬件连接示意图

（2）下载程序到 CC2530 单片机

在 IAR 运行环境中单击 Down and Debug，将代码下载到 CC2530 单片机中，此时会出现进度条，如图 1.49 所示。

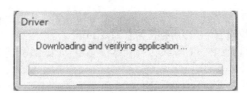

图1.49 下载进度条示意

五、考核与评价

CC2530 实现点亮 LED 灯训练项目评分标准如表 1.1 所示。

表 1.1 CC2530 实现点亮 LED 灯项目训练评分标准

一级指标	二级指标	分值	扣分点及扣分原因	扣分	得分
训练过程（80%）	计划与准备	10	做好测试前的准备，不进行清点接线、设备、材料等操作扣除 2 分	5	
			带电拔插元器件扣除 1 分	5	
	电路分析	20	CC2530 引脚功能	5	
			LED 灯与 CC2530 引脚的关系	5	
			LED 灯与电平的关系	10	
	代码设计	30	正确建立工程	5	
			编写流程图	5	
			程序设计，包括引用头文件、初始化 I/O、主程序代码设计等	20	
	职业素养	10	编程过程中及结束后，桌面及地面不符合 6S 基本要求扣除 3~5 分	10	
		10	对耗材浪费，不爱惜工具，扣除 3 分；损坏工具、设备扣除本大项的 20 分；发生严重违规操作或作弊，取消成绩	10	
训练结果（20%）	实作结果及质量	20	工艺和功能验证	10	
			撰写考核记录报告	10	
总计		100			

六、任务小结

利用 IAR Embedded Workbench 实现系统的软件开发，利用软件进行仿真调试，这也是 CC2530 调试的辅助手段。

仿真下载器主要完成系统的软件下载和调试功能。它提供了一套编制、维护、调试环境，能将汇编语言和 C 语言程序编译生成 Hex 可执行输出文件，并能将程序下载到目标板 CC2530 上运行调试。在新建工程中学会设置 General Options、Linker、Debugger 三项参数。

七、参考程序

```
#include "ioCC2530.h"  //引用头文件

void main(void)
```

```
{
  P1SEL &= ~0xff;//设置 P1 口所有位为普通 IO 口
  P1DIR |= 0xff;//设置 P1 口所有位为输出口

  P1 = 0xff;//点亮 P1 端口组的 LED 灯,
          //需要分析电路图,决定设置 0,还是设置 1
}
```

八、启发与思考

IAR 建立的工程文件可以管理用户系统的软件部分,工程文件一般包含源程序文件（*.c 或 *.ASM）、头文件（*.h）和库文件（*.LIB 和 *.OBJ）3 部分组成。

输入/输出编址有独立编址和统一编址两种方式,无论使用哪种编址,访问外设时都需要指出外设的地址。在头文件 ioCC2530.h 中,对所有的寄存器都进行了定义,使用户访问外设时无须记住外设的地址,简化了外设的访问操作。

```
#include "ioCC2530.h" //引用头文件。
```

IAR 编译环境下可使用的快捷键操作具体如下。

- Ctrl+B　　　　　　　程序{}的配对内容查找,自动地把这段内容反色显示。
- Ctrl+T　　　　　　　对选择区域的源代码排版。
- Ctrl+K　　　　　　　注释掉选择区域。
- Ctrl+Shift+K　　　　去除所选区域的注释,所选区域必须是全被注释掉的。
- Ctrl+Shfit+空格　　　用 IAR 提供的内部代码进行编写,如 if 语句。
- CTRL+SHIFT+I　　　选中某些行实现自动进行缩进。
- F9　　　　　　　　　光标处添加/删除断点。
- Ctrl+F9　　　　　　 使能/失能断点。
- Shift+Alt+E　　　　 打开断点窗口,列出所有断点。
- Ctrl+F　　　　　　　向下寻找光标所处的单词。
- F3　　　　　　　　　向下寻找上次搜索的字符。
- Shift+F3　　　　　　向上寻找上次搜索的单词。
- Ctrl+H　　　　　　　替换字符串。
- Ctrl+G　　　　　　　跳到指定行。
- Ctrl+Shift+F　　　　在文件中搜索。
- Shift+F2　　　　　　在光标处添加标签。
- F2　　　　　　　　　跳到下一个标签处。

任务二　物理地址烧写软件为 CC2530 烧写 Hex 文件

一、任务描述

通过设置工程参数,将编译好的工程文件,生成 Hex 文件,然后利用物理地址烧写软件 SmartRF 将 Hex 文件烧写到 CC2530 单片机中,观察 LED 灯的效果。

二、任务目标

1. 训练目标

① 本任务要求了解基本的编译和调试技能。

② 掌握将工程文件生成 Hex 文件的技能。

③ 掌握 Hex 文件烧写的技能。

④ 了解 CC Debugger 仿真下载器和 SmartRF 闪存编程器的作用和区别。

2. 素养目标

① 培养学生在工作现场的 6S 意识和用电安全意识。

② 爱惜工具，注重场地整洁。

③ 具备积极、主动的探索精神。

三、相关知识

1. 物理地址烧写软件介绍

SmartRF 闪存编程器（SmartRF Flash Programmer）可以对德州仪器公司的低功率射频片上系统的闪存进行编程。此外，它还可以读取和写入芯片上的 IEEE/MAC 地址。软件安装完毕后，SmartRF 闪存编程器其运行界面如图 1.50 所示。

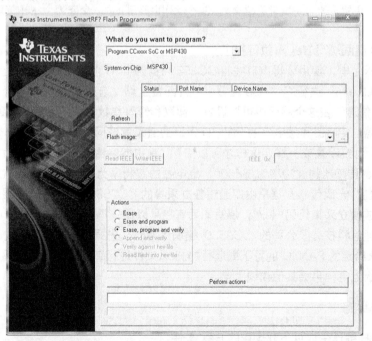

图1.50　SmartRF闪存编程器的运行界面

SmartRF 闪存编程器有多个选项可供选择，其中 System-on-Chip 用于编程德州仪器公司的 SoC 芯片，如 CC1110、CC2430 和 CC2530 等。

2. 物理地址烧写软件的操作

Erase（擦除）：将擦除所选 SoC 的闪存存储器。

Erase and program（擦除和编程）：将擦除所选 SoC 的闪存存储器，然后用 Flash image（闪存映像）下拉列表框字段中选定的 Hex 文件对它编程。

Erase, program and verify（擦除、编程和验证）：与 "擦除和编程" 选项相同，但编程后闪存的内容将读出并与 Hex 文件进行比较。这将检测编程中的错误或因闪存损坏所导致的错误，所以建议编程后一定要进行验证。

Append and verify（追加和验证）：这一动作将内容写入 Flash image 中给出的 Hex 文件内，对于所选的 SoC，则不先擦除闪存。注意，所有要写入的闪存在编程开始之前必须要能读出 0xFF（即已擦除）。当一个程序划分成多个 Hex 文件时，这个功能是非常有用的。

这个动作要用 debug（调试）命令从 Flash 中读出，这意味着如果在芯片上 debug 命令受阻，就不可能执行这个动作了。

Verify against hex-file（验证 Hex 十六进制文件）：这一动作将把 Flash 的内容与 Flash image 中的 Hex 文件进行比较。注意，该功能只验证 Flash 中是否存在 Hex 文件的内容，如果在 Flash 中没有额外的写入，就不做任何检查。这个动作要用 debug 命令从 Flash 中读取。

Read flash into Hex file（读入 Hex 十六进制文件）：这一动作读取整个 Flash 的内容，然后把它写入 Flashimage 中给定的 Hex 文件内。

 注 意

Flash image 中给定的 Hex 文件将被重写。这个动作也要用 debug 命令从 Flash 中读取。

3. CC2530 组网烧写 Hex 可执行程序

协调器主板上电，使用公母串口线将 CC2530 连接到 PC 上，打开 PC 端上的 "CC2530 组网参数设置 V1.2.exe" 进行 CC2530 配置。打开配置工具，选择 COM1 口打开，读取当前连接到的 CC2530 信息，在这个界面中可以设置、读取和修改参数设置（注意：配置 CC2530 参数时必须把协调器、传感器和继电器的 PAN ID 以及通道设置成同样的参数，每一个 CC2530 的通道（Channel）也要设置成一样，这样才可以组网，其中继电器配置的序列号为 0001、0002、0003；协调器、传感器的波特率为 38400，继电器的波特率为 9600）。环境监测、智能路灯等用到的温度、湿度、光照传感数据是由四通道独立采集的 CC2530 板获取的，需要将一块 CC2530 板烧写 "四通道独立采集代码 Hex"，烧写完后直接可以用，不需要配置。

大唐移动通信科技有限公司的 CC2530 模块组网时，先根据模块要实现的功能进行一次烧写，再根据厂家给定的 PAN ID 的可下载运行的 Hex 文件进行二次烧写组网代码。注意：组网时，先给协调器主板上电，再给其他模块上电。

四、任务实施

1. 利用 IAR 编译生成可下载运行的 Hex 文件

MSP430 在用 JTAG 下载的时候，Hex 文件是不能使用的。但是如果用 Proteus 仿真（只有 Proteus 7.6 及其以上版本才支持 MSP430 仿真），则只支持 Hex 文件仿真，所以有必要输出 Hex 文件。

① 打开 IAR 的工程选项，选中左边栏的 Linker，如图 1.51 所示。

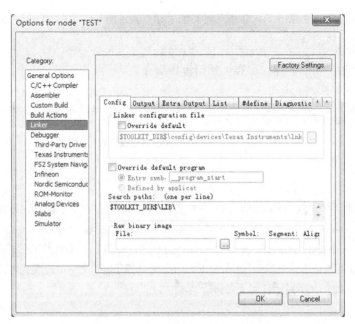

图1.51 利用IAR生成Hex文件设置1

② 勾选 Override default，将文件扩展名修改为 ".hex"。接着选择 output 选项卡，在 output 下拉列表框中选择 intel-extened，其他的选项保持默认即可，如图 1.52 所示。

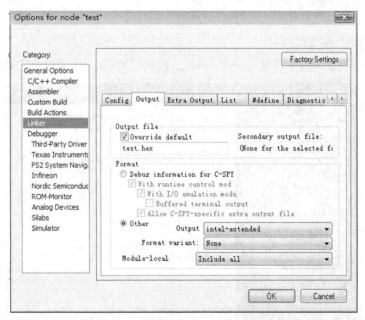

图1.52 利用IAR生成Hex文件设置2

如果针对大型程序，还需要进行第三步操作，如 ZStack 协议栈中的程序。

③ 找到 f8w2530.xcl 文件，并打开，如图 1.53 所示。这个文件在 "Projects/zstack/T00ls/ CC2530DB" 目录下，也可以在 IAR 编译环境的 Workspace 窗格中打开 T00ls 文件夹查看。在 f8w2530.xcl 文件中找到两行被注释掉的语句。

```
//-M(CODE)[(_CODEBANK_START+_FIRST_BANK_ADDR)-(_CODEBANK_END+_FIRST_BANK_
ADDR)]*\
//_NR_OF_BANKS+_FIRST_BANK_ADDR=0x8000
```

把这两行前面的 "//" 去掉，保存，然后重新编译。

```
f8w2530.xcl *
212 //-M(CODE)[(_CODEBANK_START+_FIRST_BANK_ADDR)-(_CODEBANK_END+_FIRST_BANK_ADDR)]*\
213 //_NR_OF_BANKS+_FIRST_BANK_ADDR=0x8000
```

图1.53　f8w2530.xcl文件设置修改

注意

去掉这两行的 "//" 后，在编译输出 Hex 格式时没有问题，但在 debug 模式下编译会提示警告：
"Warning[w69]: Address translation (−M, −b# or −b@) has no effect on the output format 'debug' The
output file will be generated but noaddress translation will be performed."。不过并不会影响 debug 调试的使
用。也许正是为了屏蔽此警告，所以 TI 在发布 ZStack 时选择了默认为 debug 模式才注释掉了这两行指
令，但在编译 Hex 时，又不提示任何警告和错误。

注意

生成的 Hex 文件位于\Debug\Exe 目录下。只能用 Make 命令生成 Hex 文件，不能用 debug 命令生
成，因为 debug 命令需要有调试信息。

2. 安装物理地址烧写软件

双击打开物理地址烧写软件安装程序Setup_SmartRFProgr_1.6.2.exe命令，如图 1.54 所示。

图1.54　物理地址烧写软件安装

单击 Next 按钮继续，显示图 1.55 所示的界面。选择安装路径（默认即可）。

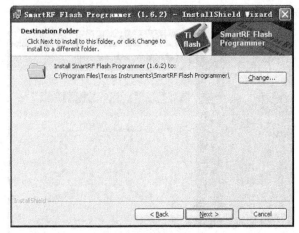

图1.55　安装路径

继续单击 Next 按钮，显示图 1.56 所示的界面。根据需要，选择安装类型。

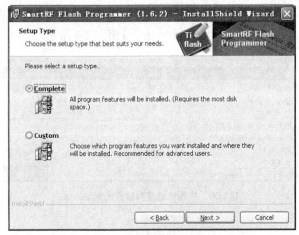

图1.56　选择安装类型

单击 Next 按钮，显示图 1.57 所示的界面，单击 Install 按钮，开始安装。

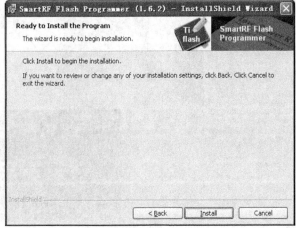

图1.57　安装开始界面

安装完成后，显示图 1.58 所示的界面。

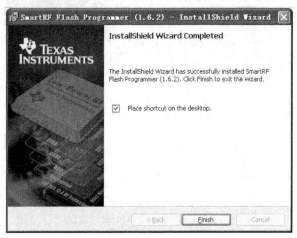

图1.58　物理地址烧写软件安装完成

单击 Finish 按钮，退出安装程序。物理地址烧写软件的启动方法为，在"开始"菜单中选择 Texas Instruments→SmartRF Flash Programmer，如图 1.59 所示。

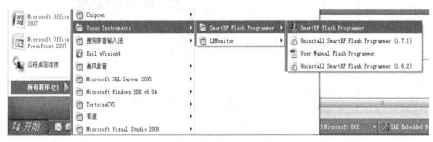

图1.59　物理地址烧写软件的启动方法

3. 烧写程序

将单片机通过 CC Debugger 连接到计算机，如图 1.60 所示。

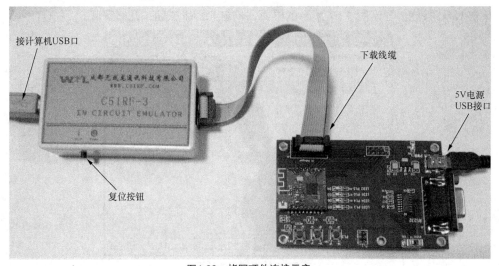

图1.60　烧写硬件连接示意

运行 SmartRF Flash Programmer 程序，按烧写器上的复位按钮找到 CC2530 模块，并按图 1.61 所示进行操作。

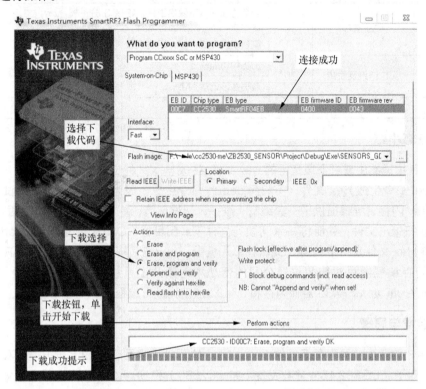

图1.61 SmartRF Flash Programmer 程序操作示意

五、考核与评价

物理地址烧写软件为 CC2530 烧写 Hex 文件项目训练评分标准如表 1.2 所示。

表 1.2 物理地址烧写软件为 CC2530 烧写 Hex 文件项目训练评分标准

一级指标	二级指标	分值	扣分点及扣分原因	扣分	得分
训练过程（80%）	计划与准备	10	做好测试前的准备，不进行清点接线、设备、材料等操作扣除 2 分	5	
			带电拔插元器件扣除 1 分	5	
	利用 IAR 编译生成可下载运行的 Hex 文件的配置	20	在 IAR 中进行正确的配置	5	
			修改协议栈中的参数	5	
			进行故障排除	10	
	烧写可下载运行的 Hex 文件	30	正确烧写 Hex 文件	5	
			实现烧写模块的配置	5	
			实现组网功能	20	
	职业素养	10	编程过程中及结束后，桌面及地面不符合 6S 基本要求的扣除 3~5 分	10	

（续表）

一级指标	二级指标	分值	扣分点及扣分原因	扣分	得分
训练过程 （<u>80</u>%）	职业素养	10	对耗材浪费，不爱惜工具，扣除 3 分；损坏工具、设备扣除本大项的 20 分；发生严重违规操作或作弊，取消成绩	10	
训练结果 （<u>20</u>%）	实作结果及质量	20	工艺和功能验证	10	
			撰写考核记录报告	10	
总计		100			

六、任务小结

利用 IAR 编译器生成可下载运行的 Hex 文件，生成 Hex 文件位于文件夹\Debug\Exe 目录下。只能用 Make 命令生成 Hex 文件，不能用 debug 命令生成，因为 debug 需要有调试信息。

SmartRF 闪存编程器提供了一套编制、维护、调试环境，能将汇编语言和 C 语言程序编译成 Hex 可执行输出文件，并能将 Hex 可执行文件下载到目标 CC2530 上运行。SmartRF 闪存编程器可以将 Hex 文件直接下载到 CC2530 单片机中，SmartRF 闪存编程器不依赖 IAR 编程环境。SmartRF 闪存编程器可对德州仪器公司的低功率射频片上系统的闪存进行编程，并可通过 MSP–FET430UIF 对 MSP430 器件闪存和 eZ430 加密狗进行编程。

七、启发与思考

利用 IAR 编译生成可下载运行的 Hex 文件，物理地址烧写软件 SmartRF 为 CC2530 烧写 Hex 文件。对于 IEEE 802.15.4 兼容设备（如 CC2530）和 Bluetooth 低能量设备（如 CC2540）来说，闪存编程器可向其中读取和写入 IEEE/MAC 地址。此外，闪存编程器还可用于升级 SmartRF04EB、SmartRF05EB、CC Debugger 和 CC2430DB 上的固件。

 注 意

配置 CC2530 参数时必须把协调器、传感器和继电器的 pan ID 以及信道设置成同样的参数，每一个 CC2530 的通道（Channel）也要设置成一样，这样才可以组网，其中网络中只能有一个协调器。为了区分继电器，可将继电器的序列号配置为 0001、0002、0003。组网烧写时必须有协调器、终端（多个），继电器烧写程序可选。

2 Chapter

单元二
输入/输出应用

📖 **本单元目标**

知识目标：

- 理解通用输入/输出与外设输入/输出的区别。
- 了解上拉、下拉和三态的含义。
- 掌握特殊功能寄存器的作用。
- 理解简单宏定义的作用。
- 了解按键消抖的目的和方法。

技能目标：

- 根据实际应用对输入/输出端口进行配置。
- 能够使用简单宏定义来编写程序。
- 能够使用软件方法消除按键抖动。

任务一　CC2530 实现 LED 跑马灯

一、任务描述

编写程序控制 CC2530 板上的 LED1、LED2、LED3 和 LED4 的亮/灭状态，使它们以跑马灯方式工作，即 CC2530 板通电后 4 个发光二极管以下述方式工作。

① 通电后 LED1、LED2、LED3 和 LED4 都熄灭。

② 延时一段时间后 LED1 点亮，此时 LED2、LED3 和 LED4 都处在熄灭状态。

③ 延时一段时间后 LED2 点亮，此时 LED1、LED3 和 LED4 都处在熄灭状态。

④ 延时一段时间后 LED3 点亮，此时 LED1、LED2 和 LED4 都处在熄灭状态。

⑤ 延时一段时间后 LED4 点亮，此时 LED1、LED2 和 LED3 都处在熄灭状态。

⑥ 返回步骤②循环执行。

二、任务目标

1. 训练目标

① 检验学生掌握 CC2530 单片机 I/O 端口的使用技能。

② 检验学生掌握 CC2530 单片机 I/O 输入模式和获取信号的技能。

2. 素养目标

① 培养学生在工作现场的 6S 意识和用电安全意识。

② 爱惜工具，注重场地整洁。

③ 具备积极、主动的探索精神。

三、相关知识

CC2530 有 21 个数字输入/输出引脚，可以配置为通用数字 I/O 或外设 I/O 信号，配置为连接到 ADC、定时器或 USART 外设。这些 I/O 口的用途可以通过一系列寄存器配置，由用户软件定义实现。

用作通用 I/O 时，引脚可以组成 3 个 8 位端口，端口 0、端口 1 和端口 2，表示为 P0、P1 和 P2。其中，P0 和 P1 是完全的 8 位端口，而 P2 仅有 5 位可用。所有的端口均可以通过 SFR 寄存器 P0、P1 和 P2 位寻址和字节寻址。每个端口引脚都可以单独设置为通用 I/O 或外部设备 I/O。

1. CC2530 引脚

CC2530 单片机采用 QFN40 封装，外观上是一个边长为 6mm 的正方形芯片，每个边上有 10 个引脚，总共 40 个引脚。CC2530 的引脚布局如图 2.1 所示。

如表 2.1 所示，将 CC2530 的 40 个引脚按功能进行分类。

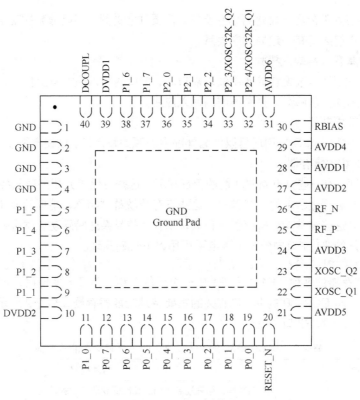

图2.1　CC2530引脚布局

表 2.1　引脚类型分类

引脚类型	包含引脚	功能简介
电源类引脚	AVDD1~6、DVDD1~2、GND、DCOUPL	为芯片供电
数字 I/O 引脚	P0_0~P0_7、P1_0~P1_7、P2_0~P2_4	数字信号输入/输出
时钟引脚	XOSC_Q1、XOSC_Q2	时钟信号输入
复位引脚	RESET_N	让芯片复位
RF 引脚	RF_N、RF_P	外接无线收发天线
其他引脚	RBIAS	外接偏置电阻

2. CC2530 的 I/O 引脚

CC2530 总共有 21 个数字 I/O 引脚，这些引脚可以组成 3 个 8 位端口，分别为端口 0、端口 1 和端口 2，通常表示为 P0、P1 和 P2。其中，P0 和 P1 是完全的 8 位端口，而 P2 仅有 5 位可以使用。21 个 I/O 引脚具有以下特性，可以通过编程进行配置。

（1）可配置为通用 I/O 端口

通用 I/O 端口是指可以对外输出逻辑 0（低电平）或 1（高电平），也可读取从 I/O 引脚输入的逻辑值（低电平为 0，高电平为 1）。用户可以通过编程将 I/O 端口设置成输入方式或输出方式。

（2）可配置为外部设备的 I/O 端口

CC2530 内部除了含有 8051CPU 核心外，还具有其他功能模块，如 ADC、定时器和串行通信模块，这些功能模块为外设。用户可通过编程将 I/O 口与这些外设建立起连接关系，以便这些外设与 CC2530 芯片的外界电路进行信息交换。需要注意的是，不能随意指定某个 I/O 口连接到某个外设，因为它们之间有一定的对应关系。

（3）输入口具有 3 种输入模式

当 CC2530 的 I/O 口被配置成通用输入端口时，端口的输入模式有上拉、下拉和三态 3 种选择，可通过编程选择，能够适应多种不同的输入应用。

（4）具有外部中断能力

当使用外部中断时，I/O 口引脚可以作为外部中断源的输入口，这使电路设计变得更加灵活。

3. I/O 端口的相关寄存器

在单片机内部，有一些具有特殊功能的存储单元，这些存储单元用来存储控制单片机内部器件的命令、数据或运行过程中的一些信息，这些寄存器统称"特殊功能寄存器（SFR）"。操作单片机本质上说是对这些特殊功能寄存器进行读写操作，并且某些特殊功能寄存器可以位寻址。例如，通过已配置好的 P1_1 口向外输出高电平可用以下代码实现。

```
P1=0x02；或者 P1_1=1；
```

P1 是特殊寄存器的名称，P1_1 是 P1 中一个位的名称，为了方便使用，每个特殊功能寄存器都有一个名称。与 CC2530 的 I/O 口有关的主要特殊功能寄存器如表 2.2 所示。其中 x 为 0~2，分别对应 P0、P1 和 P2 口。

表 2.2　与 CC2530 的 I/O 口有关的主要特殊功能寄存器

名称	功能描述
Px	端口数据，用来控制端口的输出或获取端口的输入
PERCFG	外设控制，用来选择外设功能在 I/O 口上的设置
APCFG	模拟外设 I/O 设置，用来配置 P0 都作为模拟 I/O 口使用
PxSEL	端口功能选择，用来设置端口是通用 I/O 还是外设 I/O
PxDIR	端口方向，当端口为通用 I/O 时，用来设置数据传输方向
PxINP	端口输入模式，当端口为通用 I/O 时，用来选择输入模式
PxIFG	端口中断状态标志，使用外部中断时，用来表示是否有中断
PICTL	端口中断控制，使用外部中断时，用来配置端口中断触发类型
PxIEN	端口中断屏蔽，用来选择是否使用外部中断功能
PMUX	断电信号，用来输出 32kHz 时钟信号或内部数字稳压状态

可以看到 I/O 端口的相关寄存器有很多，在实际运用时只需使用其中的部分寄存器即可。同时需要注意，特殊功能寄存器中的各位数据都是有操作约定的，如表 2.3 所示。

表 2.3　寄存器位操作约定

符号	访问模式
R/W	可读取也可写入
R	只能读取
R0	读出的值始终为 0
R1	读出的值始终为 1
W	只能写入
W0	写入的值始终为 0

（续表）

符号	访问模式
W1	写入的值始终为 1
H0	硬件自动将其变成 0
H1	硬件自动将其变成 1

四、任务实施

1. 电路分析

要使单片机控制外界器件，就要清楚器件与单片机的连接关系和工作原理，这样才能在编写代码时知道该操作哪些 I/O 端口或功能模块，以及应该输入或输出什么样的控制信号。

（1）LED 的连接和工作原理

LED1、LED2、LED3 和 LED4 与 CC2530 的连接如图 2.2 所示。LED1、LED2、LED3 和 LED4 的负极端分别通过一个限流电阻连接到地（低电平），它们的正极端分别连接到 CC2530 的 P1_0、P1_1、P1_3 和 P1_4。

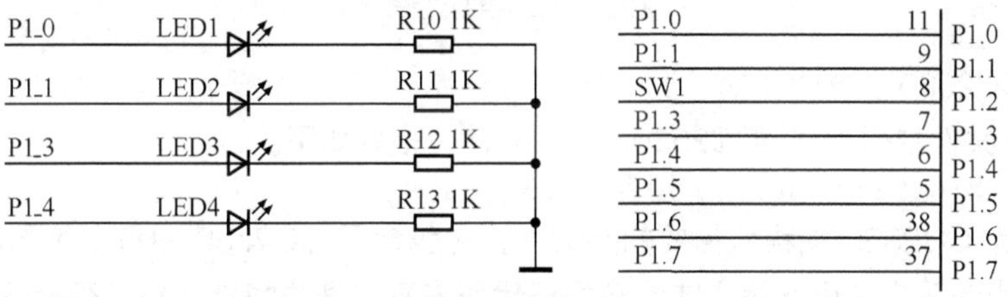

图2.2　LED与CC2530连接电路示意

为控制 LED，连接 LED 的 P1_0、P1_1、P1_3 和 P1_4 应被配置成通用输出端口，当输出低电平（逻辑值 0）时，LED 正极端和负极端都为低电平，LED 两端没有电压差，也就不会有电流流过 LED，此时 LED 熄灭。当端口输出高电平时，LED 正极端电平高于负极端电平，LED 两端存在电压差，会有电流从端口流出并通过 LED 的正极端流向负极端，此时 LED 点亮。

大唐移动通信设备有限公司、创思通信设备有限公司的 CC2530 板 CC2530 节点低电平点亮，高电平熄灭；北京新大陆时代教育科技有限公司、成都无线龙通信科技有限公司、广州粤嵌通信科技有限公司的 CC2530 节点高电平点亮，低电平熄灭。

（2）驱动电流

LED 工作时的电流不能过大，否则会将其烧坏，同时 CC2530 的 I/O 端口输入和输出电流的能力是有限的，因此这里需要使用限流电阻 R_{10} 和 R_{11} 来限制电流的大小。红色 LED 和红色 LED 工作的电压压降为 1.8V，I/O 端口的输出电压为 3.3V。当 LED 点亮时，其工作电流的大小就是流过电阻的电流大小。

CC2530 的 I/O 端口除了 P1_0 端口和 P1_1 端口有 20mA 的驱动能力外，其他 I/O 端口只有 4mA 的驱动能力，在应用中从 I/O 端口流入或流出的电流不能超过这些限定值。

2. 代码设计

（1）建立工程

新建工程项目，在项目中添加名为"code.c"的代码文件。

（2）编写代码

根据任务要求，可用流程图表示，如图 2.3 所示。

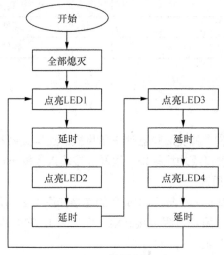

图2.3　LED控制流程示意

1）引用 CC2530 头文件

在 code.c 文件中引用"ioCC2530.h"头文件，指令如下。

```
#include "ioCC2530.h"  //引用 CC2530 头文件
```

该文件是为 CC2530 编程所需要的头文件，它包含了 CC2530 中各个特殊功能寄存器的定义。只有在引用该头文件后，用户才能在程序代码中直接使用特殊功能寄存器的名称，如 P1、P1DIR 等。

2）设计延时函数

LED 控制流程中需要用到延时，因此在 code.c 中单独编写一个名为"delay"的延时函数，这样在需要延时的地方调用该函数即可。delay 函数定义如下。

```
/*****************************
函数名称：delay
功    能：软件延时
入口参数：time——延时循环执行次数
出口参数：无
返回参数：无
*****************************/
void delay(unsigned int time)
{ unsigned int i;
  unsigned char j;
  for(i = 0; i<time; i++)
  { for(j = 0; j<240; j++)
    {   asm("NOP");       // asm 是内嵌汇编, NOP 是空操作,执行一个指令周期
        asm("NOP");
        asm("NOP");
    }
  }
}
```

延时函数使用两个 for 循环嵌套来让 CPU 执行,以达到消耗时间的目的。该函数带有一个整型参数 time,在调用函数时,所填入 time 值的大小决定了延时时间的长短。

（3）初始化 I/O 端口

LED1、LED2、LED3 和 LED4 分别连接到 P1_0、P1_1、P1_3 和 P1_4,需要将这 4 个 I/O 口配置成通用 I/O 功能,将端口的数据传输方向配置成输出。

1）将 P1_0、P1_1、P1_3 和 P1_4 设置成通用 I/O

将 I/O 配置成通用 I/O,需要使用 PxSEL 特殊功能寄存器,该寄存器的描述如表 2.4 所示。

表 2.4　PxSEL 特殊功能寄存器

位	位名称	复位值	操作	描述
7:0	SELPx_[7:0]	000	R/W	设置 Px_7 到 Px_0 端口的功能。 0：对应端口为通用 I/O 功能。 1：对应端口为外设 I/O 功能

这里 "x" 是指要使用的端口编号,任务中使用的是 P1 口的两个端口,所以在编程时寄存器的名字应该是 P1SEL。将 P1_0、P1_1、P1_3 和 P1_4 设置成通用 I/O,就是将 P1SEL 寄存器的第 0 位、第 1 位、第 3 位和第 4 位设置成数值 0,设置方法如下。

```
P1SEL &=~0x1B;   //设置 P1_0、P1_1、P1_3 和 P1_4 为通用 I/O
```

十六进制 0x03 转换成二进制后是 0001 1011B,前面加取反符号 "~" 后数据变成 1110 0100B。"a &= b" 是将 a 与 b 进行按位 "与" 运算,运算结果赋值给 a。由于 0 与任何数进行 "与" 操作,操作结果都是 0,1 与任何数的 "与" 运算结果都是另一个数本身,所以这种操作方式能在实现将指定位复位（设置成 0）的同时不影响其他位的值。此时,P1SEL 中的第 0 位、第 1 位、第 3 位和第 4 位设置成 0,其他位不变。

 注意

由于 P2 口只有 5 个端口,真正使用的一般只有 3 个,因此 P2SEL 寄存器的位定义和功能与 P0SEL 和 P1SEL 不同,详情参考 CC2530 编程手册。

2）将 P1_0、P1_1、P1_3 和 P1_4 设置成输出口

4 个端口被配置成通用 I/O 后,还要设置其传输数据的方向。使用这 4 个端口对 LED 进行控制,实际是在对外输出信号,因此要将 P1_0、P1_1、P1_3 和 P1_4 的传输方向设置成输出。配置端口的传输方向使用 PxDIR 寄存器,其描述如表 2.5 所示。

表 2.5　PxDIR 寄存器

位	位名称	复位值	操作	描述
7:0	DIRPx_[7:0]	0x00	R/W	设置 Px_7 到 Px_0 端口的传输方向。 0：输入。 1：输出

将 P1_0、P1_1、P1_3 和 P1_4 设置成输出,需要将 P1DIR 中的 DIRP1_0、DIRP1_1、DIRP1_3 和 DIRP1_4 位设置成 1,具体方法如下。

```
P1DIR |=0x1B;       //设置 P1_0、P1_1、P1_3 和 P1_4 口为输出口
```

此处使用"|="运算对 P1DIR 进行设置，可以将其对应位置位（设置成 1），且不影响其他位。

3）熄灭 LED

根据电路连接可知，要熄灭 LED，只需要让对应的 I/O 口输出 0。将对应端口设成通用输出口后，可以采用以下代码来实现。

```
P1_0=0;    //熄灭 LED1
P1_1=0;    //熄灭 LED2
P1_3=0;    //熄灭 LED3
P1_4=0;    //熄灭 LED4
```

4）LED 初始化程序代码

```
void InitLED(void)
{
P1SEL &=~0x1B;    //设置 P1_0、P1_1、P1_3 和 P1_4 为通用 I/O
P1DIR |=0x1B;     //设置 P1_0、P1_1、P1_3 和 P1_4 口为输出口
P1_0=0;    //熄灭 LED1
P1_1=0;    //熄灭 LED2
P1_3=0;    //熄灭 LED3
P1_4=0;    //熄灭 LED4
}
```

（4）设计主函数代码

跑马灯程序代码，具体如下。

```
void LSD(void)
{
    P1_0=1;                //点亮 LED1
    P1_1=P1_3=P1_4=0;    //熄灭 LED2、LED3 和 LED4
    delay(1200);          //延时
    P1_1=1;                //点亮 LED2
    P1_0=P1_3=P1_4=0;    //熄灭 LED1、LED3 和 LED4
    delay(1200);          //延时
    P1_3=1;                //点亮 LED3
    P1_0=P1_0=P1_4=0;  //熄灭 LED1、LED2 和 LED4
    delay(1200);          //延时
    P1_4=1;                //点亮 LED4
    P1_0=P1_1=P1_3=0;  //熄灭 LED1、LED2 和 LED3
}
```

主函数代码具体如下。

```
void main(void)
{
InitLED();
while(1)    //程序主循环
    {
     LSD ();
    }
}
```

3. 修正与完善

编译程序，将生成的程序烧写到 CC2530 中，观察控制 CC2530 板上的 LED1、LED2、LED3 和 LED4 的亮/灭状态与任务要求是否相符。

五、考核与评价

跑马灯项目训练评分标准如表 2.6 所示。

表 2.6　跑马灯项目训练评分标准

一级指标	二级指标	分值	扣分点及扣分原因	扣分	得分
训练过程（80%）	计划与准备	10	做好测试前的准备，不进行清点接线、设备、材料等操作扣除 2 分	5	
			带电拔插元器件扣除 1 分	5	
	电路分析	20	CC2530 引脚功能	5	
			LED 灯与 CC2530 引脚的关系	5	
			LED 灯与电平的关系	10	
	代码设计	30	正确建立工程	5	
			编写流程图	5	
			程序设计，包括引用头文件、设计延时程序、初始化 I/O、主程序代码设计等	20	
	职业素养	10	编程过程中及结束后，桌面及地面不符合 6S 基本要求的扣 3~5 分	10	
		10	对耗材浪费，不爱惜工具，扣除 3 分；损坏工具、设备扣除本大项的 20 分；发生严重违规操作或作弊，取消成绩	10	
训练结果（20%）	实作结果及质量	20	工艺和功能验证	10	
			撰写考核记录报告	10	
总计		100			

六、任务小结

CC2530 的 21 个可编程的 I/O 引脚特性一致，可设置为通用的 I/O 口，也可设置为外设的 I/O 口，在输入时可设置上拉或下拉模式，并且也都具有相应外部中断的能力。

 注 意

P1_0 和 P1_1 不支持上拉、下拉模式。

在实际应用开发中，可采用如下步骤配置数字 I/O 端口。
① 通过 PxSEL 寄存器，设置 Px 为通用 I/O，默认状态为通用 I/O，可以不写。
② 通过 PxDIR 寄存器，设置 Px 通用 I/O 的方向。
③ 如果通用 I/O 的方向被配置为输出，则可设置其输出高/低电平。
不同生产厂家的 CC2530 实验板的 I/O 端口定义不同，一般用 PxSEL 来定义通用 I/O(例如：P1SEL &=~0x1B; //设置 P1_0、P1_1、P1_3 和 P1_4 为普通 I/O,这条语句不是必需的);用 PxDIR 来定义输入和输出（例如，P1DIR |=0x1B; //设置 P1_0、P1_1、P1_3 和 P1_4 口为输出口，这条语句是必需的)。

七、参考程序

```c
#include "ioCC2530.h"   //引用 CC2530 头文件
#define LED1 P1_0
#define LED2 P1_1
#define LED3 P1_3
#define LED4 P1_4
#define uint unsigned int
#define uchar unsigned char

void delay(uint time)
{ uint i;
  uchar j;
  for(i = 0; i < time; i++)
  { for(j = 0; j < 240; j++)
    {  asm("NOP");     // asm 是内嵌汇编, NOP 是空操作, 执行一个指令周期
       asm("NOP");
       asm("NOP");
    }
  }
}
void InitLED(void)
{
P1SEL &=~0x1B;   //设置 P1_0、P1_1、P1_3 和 P1_4 为普通 I/O
P1DIR |=0x1B;      //设置 P1_0、P1_1、P1_3 和 P1_4 口为输出口
LED1=LED2=LED3=LED4=0;   //熄灭 LED1、LED2、LED3 和 LED4
}
void LSD(void)
{
     LED1=1;                //点亮 LED1
     LED2=LED3=LED4=0;      //熄灭 LED2、LED3 和 LED4
     delay(1200);           //延时
     LED2=1;                //点亮 LED2
     LED1=LED3=LED4=0;      //熄灭 LED1、LED3 和 LED4
     delay(1200);           //延时
     LED3=1;                //点亮 LED3
     LED1=LED2=LED4=0;      //熄灭 LED1、LED2 和 LED4
     delay(1200);           //延时
     LED4=1;                //点亮 LED4
     LED1=LED2=LED3=0;      //熄灭 LED1、LED2 和 LED3
}
void main(void)
{
InitLED();
while(1)   //程序主循环
    {
         LSD();
    }
    }
```

八、启发与思考

可以直接使用端口名称来控制 LED 灯的亮/灭状态,如果 LED 与单片机的连接方式发生改变,如果将 LED1 连接到了 P1_3 口,则需要将程序中所有的 P1_0 修改成 P1_3。这种编程方式给程序的可扩展性带来了不利,可以使用宏定义的方法解决这一问题。例如:

```
#define LED1(P1_0)  // LED1 端口宏定义
#define LED2(P1_0)  // LED2 端口宏定义
```

"#define"表示宏定义,如"#define a(b)"。在程序进行编译时,编译器会将代码中所有出现的 a 用 b 替换掉。括号不是必需的,但加括号可以避免出现某些运算方面的错误。

将以上内容添加到引用头文件的代码行后,可将程序中所有的 P1_0 和 P1_1 分别用 LED1和 LED2 取代。

任务二 实现按键控制 LED 灯开关

一、任务描述

本任务使用 SW1 按键对 LED1 进行控制。

① 通电后 LED1、LED2、LED3 和 LED4 都熄灭。

② 如果 SW1 按键按下一次,LED1 切换一次亮/灭状态。

③ 每按下一次按键,LED 就切换一次亮/灭状态。

二、任务目标

1. 训练目标

① 检验学生掌握 CC2530 单片机 I/O 端口的使用技能。

② 学生掌握 CC2530 单片机寄存器的使用技能。

③ 学生掌握 CC2530 单片机按键控制 LED 等的技能。

2. 素养目标

① 培养学生在工作现场的 6S 意识和用电安全意识。

② 爱惜工具,注重场地整洁。

③ 具备积极、主动的探索精神。

三、相关知识

通用输入/输出接口(General Purpose Input Output,GPIO)通过配置适当的寄存器可以给它们分配不同的功能。每个 GPIO 都可以配置为上拉/下拉,或者被设置为三态。当被配置为输入时,可通过读取寄存器获取输入值;输入也可以被设置为边缘触发或电平触发来产生 CPU 中断。简而言之,I/O 引脚是双向、非反相和三态的,带有三态控制的输入和输出缓冲器。这些引脚可以与其他功能复用,如 I²C、I²S、UART、PWM、IR 遥控等。

1. 上拉和下拉

上拉是指单片机的引脚通过一个电阻连接到电源(高电平),当外界没有信号输入到引脚时,引脚被上拉电阻固定在高电平（逻辑值 1）。

下拉是指单片机的引脚通过一个电阻连接到地（低电平），当外界没有信号输入到引脚时，引脚被下拉电阻固定在低电平（逻辑值 0）。

单片机的 I/O 引脚通过引脚上电平的高/低来判断输入信号是逻辑值 1 还是逻辑值 0。接近电源电压值的电平信号认为是逻辑值 1，如 3.0 ~ 3.3V 的电压。接近 0V 电压的电平信号认为是逻辑值 0，如 0 ~ 0.3V 的电压。如果单片机的 I/O 引脚没有外接器件或外接器件没有为单片机提供输入信号，那么单片机引脚上的电压就变得不确定，可能为 0 ~ 3.3V，这样单片机就无法判断引脚上的状态。所以，在实际应用中需要使用上拉或下位来将单片机的引脚上的电平固定到一个确定的值。

2. 三态

三态也称高阻，即 I/O 引脚既没有上拉到电源，也没有下拉到地，呈现高阻值状态。三态模式一般用于引脚的输出功能，特别当单片机的引脚接在多个设备公用的通信总线上时。当单片机不发送信号时，采用三态工作模式可以保证不干扰其他设备之间的通信。三态模式用于输入引脚时，引脚必须外接其他器件，此时不存在上拉或下拉电阻，还能降低单片机的功耗。

3. CC2530 的 I/O 端口输入模式

CC2530 的 I/O 端口作为通用 I/O 使用时，可以配置成输出方式或输入方式。输入方式用来从外界器件获取输入的电信号，当 CC2530 的 I/O 端口被配置成通用输入端口时，这些端口能够提供"上拉""下拉"和"三态"3 种输入模式，可通过编程进行设置，以满足外接电路设计的要求。

CC2530 的 I/O 引脚如果没有外接设备，应当将这些引脚配置成带上拉或下拉的通用输入方式，也可以配置成通用输出方式，不能让引脚悬空。如果 I/O 引脚连接了外部设备，且作为输入方式时外部设备能提供有效的电信号，则可选取上拉、下拉和三态中的任何一种模式来使用。

四、任务实施

1. 电路分析

使用 CC2530 板上的 SW1 按键与 CC2530 之间的连接如图 2.4 所示。

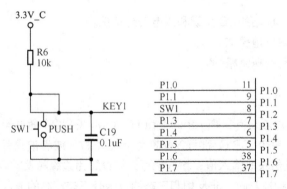

图2.4　SW1与CC2530连接电路图

SW1 按键的一侧（3、4 号引脚）通过一个上拉电阻连接到电源，同时连接到 CC2530 的 P1_2 引脚，另一侧（1、2 号引脚）连接到地。当按键没有按下时，由于上拉电阻的存在，CC2530

的 P1_2 引脚相当于外接了一个上拉电阻，呈现高电平状态。当按键按下时，按键的 4 个引脚导通，CC2530 的 P1_2 引脚相当于直接连接到地，呈现低电平状态。电容 C_{19} 起滤波作用，具有一定的消抖功能。

根据电路连接图可知，当 SW1 按键按下时，程序从 P1_2 引脚读取的逻辑值是 0，否则读取的值是 1。

2. 按键消抖

通常按键所用的都是机械弹性开关，由于机械触点的弹性作用，一个按键开关在闭合时不会马上稳定的接通，在断开时也不会一下就断开，而是在闭合或断开的瞬间均伴随一连串的抖动，如图 2.5 所示。

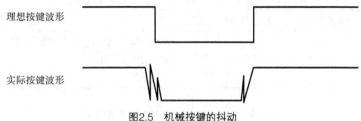

理想按键波形

实际按键波形

图2.5　机械按键的抖动

抖动时间的长短由按键的机械特性决定，一般为 5～10ms，一个按键的时间一般为几百毫秒至数秒。由于单片机的运行速度快，按键的抖动会导致在一次按下过程中，单片机识别出多次按下和抬起。为了避免这种情况，需要想办法消除抖动带来的影响。

按键消抖的方法有两种：硬件消抖和软件消抖。

硬件消抖是通过电路硬件设计的方法来过滤按键输出信号，将抖动信号过滤成理想信号后再输出给单片机。

软件消抖是通过程序过滤的方法，在程序中检测到按键动作后，延时一会儿后再次检测按键状态，如果延时前后按键的状态一致，则说明按键是正常执行动作，否则认为是按键抖动。

3. 代码设计

（1）建立工程

新建工程项目，在项目中添加名为"code.c"的代码文件。

（2）编写代码

根据任务要求，可用流程图进行表示，如图 2.6 所示。

1）编写基本代码

① 在代码中引用"ioCC2530.h"头文件。

```
#include "ioCC2530.h" //引用 CC2530 头文件
```

② LED1 和 SW1 使用 I/O 端口进行宏定义。

```
#define LED1 P1_0      // LED1 宏定义
#define SW1  P1_2      // SW1 宏定义
```

③ 因为按键软件消抖需要进行延时，可直接使用之前的延时函数 delay。

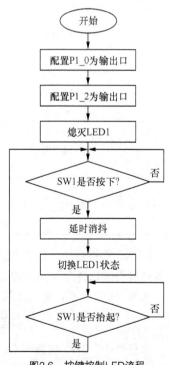

开始

配置P1_0为输出口

配置P1_2为输出口

熄灭LED1

SW1是否按下？　否

是

延时消抖

切换LED1状态

SW1是否抬起？　否

是

图2.6　按键控制LED流程

2）编写初始化代码

① 将 P1_0 和 P1_2 设置成通用 I/O 端口。

```
P1SEL=~0x05;   //设置 P1_0 和 P1_1 为通用 I/O 口
```

② 将 P1_0 设置成输出口，P1_2 设置成输入口。

```
P1DIR |=0x01;      //设置 P1_0 为输出口
P1SEL &=~0x04;   //设置 P1_2 为输入口
```

③ 设置 P1_2 的输入模式。

设置 I/O 端口的输入模式，需要使用 PxINP 寄存器。其中 P0INP 寄存器和 P1INP 寄存器的定义一样，如表 2.7 所示；P2INP 寄存器的定义是另外一种，如表 2.8 所示。

表 2.7　P0INP 和 P1INP 寄存器的输入模式定义

位	位名称	复位值	操作	描述
7:0	MDPx_[7:0]	0x00	R/W	设置 Px_7 到 Px_0 端口的 I/O 输入模式。 0：上拉或下拉。 1：三态

表 2.8　P2INP 寄存器的输入模式定义

位	位名称	复位值	操作	描述
7	MDP2	0	R/W	为端口 2 的所有引脚选择上拉或下拉。 0：上拉。 1：下拉
6	MDP1	0	R/W	为端口 1 的所有引脚选择上拉或下拉。 0：上拉。 1：下拉
5	MDP0	0	R/W	为端口 0 的所有引脚选择上拉或下拉。 0：上拉。 1：下拉
4：0	MDP2_[4：0]	0	R/W	设置 P2_4 到 P2_0 端口的 I/O 输入模式。 0：上拉或下拉。 1：三态

P2INP 寄存器中，低 5 位用来选择 P2 端口各位的输入模式，高 3 位分别为 P0、P1 和 P2 中的所有引脚选择是使用上拉还是下拉。

如将 P1_2 引脚设置成上拉模式，可使用以下代码实现。

```
P1INP &=~0x04;   //设置 P1_2 为上拉或下拉
P2INP &=~0x04;   //设置 P2 口所有引脚使用上拉
```

本任务中，SW1 按键与 CC2530 连接时已经外接了上拉电阻，在程序代码中可以设置 P1_2 使用上拉或三态模式。由于 CC2530 复位后，各个 I/O 端口默认使用的就是上拉模式，所以这部分代码也可省略。

④ 将 LED1 熄灭。

3）设计主函数代码

在程序主循环中，使用 if 语句判断 SW1（P1_2）的值是否为 0，如果为 0，则说明按键按下，接着进行延时和再次判断 SW1（P1_2）的值是否为 0，以便消除按键抖动。如果最终确定是按键按下，则切换 LED1 的亮/灭状态。最后，为了等待按键抬起，需再次对 SW1 的状态进行判断，如果 SW1 为 0，则说明按键还没有松开，需要执行循环等待。程序主循环的参考代码如下。

```
void main(void)
{
P1SEL &= ~0x05;    //设置 P1_0 和 P1_2 为通用 I/O
P1DIR |=0x01;      //设置 P1_0 为输出口
P1SEL &=~0x04;     //设置 P1_2 为输入口

P1INP &=~0x04;     //设置 P1_2 为上拉或下拉
P2INP &=~0x04;     //设置 P2 口所有引脚使用上拉

LED1=0;            //熄灭 LED1

while(1)           //程序主循环
  {
  if(SW1 == 0)     //判断按键被按下
    {
    delay(100);    //为消抖进行延时
    if (SW1 == 0)  //经过延时后按键仍处在按下状态
      {
      LED1=~ LED1;  //反转 LED1 的亮灭状态
      while(!SW1);  //等待按键松开
      }
    }
  }
}
```

编译项目，将生成的程序烧写到 CC2530 中，使用 CC2530 板上的 SW1 按键控制 LED1 的亮/灭状态。

五、考核与评价

按键控制 LED 灯开关项目训练评分标准如表 2.9 所示。

表 2.9　按键控制 LED 灯开关项目训练评分标准

一级指标	二级指标	分值	扣分点及扣分原因	扣分	得分
训练过程（80%）	计划与准备	10	做好测试前的准备，不进行清点接线、设备、材料等操作扣除 2 分	5	
			带电拔插元器件扣除 1 分	5	
	电路分析	20	CC2530 引脚功能	5	
			LED 灯与 CC2530 引脚的关系	5	
			LED 灯与电平的关系	10	
	代码设计	30	正确建立工程	5	
			编写流程图	5	
			程序设计，包括引用头文件、设计延时程序、初始化 I/O、主程序代码设计等	20	

（续表）

一级指标	二级指标	分值	扣分点及扣分原因	扣分	得分
训练过程 （80%）	职业素养	10	编程过程中及结束后，桌面及地面不符合 6S 基本要求的扣除 3~5 分	10	
		10	对耗材浪费，不爱惜工具，扣除 3 分；损坏工具、设备扣除本大项的 20 分；发生严重违规操作或作弊，取消成绩	10	
训练结果 （20%）	实作结果及质量	20	工艺和功能验证	10	
			撰写考核记录报告	10	
总计		100			

六、任务小结

不同生产厂家的 CC2530 实验板的 I/O 端口定义不同，一般用 PxSEL 来定义通用 I/O（如 P1SEL &=~0x1B; //设置 P1_0、P1_1、P1_3 和 P1_4 为通用 I/O）；用 PxDIR 来定义输入和输出（如 P1DIR l=0x1B; //设置 P1_0、P1_1、P1_3 和 P1_4 口为输出口）。不同生产厂家的按键定义也不一样，按键输入（如 P1DIR &= ~0x04; //设置 P1_2 口为输入口，这条语句是必须）。如果定义为输入，还需在 P1INP 和/P2INP 中进行定义，如下：

```
P1INP  &= ~0x04; //设置 P1_2 口为上拉或下拉
P2INP  &= ~0x40; //设置 P1 口所有引脚使用上拉
```

 注 意

这两条语句不是非必需的。

```
P1SEL（0 表示通用 IO 端口；1 表示第二功能。）
P1DIR（0 表示输入；1 表示输出。）
P1INP（0 表示上拉/下拉；1 表示三态。）。
```

七、参考程序

```
#include "ioCC2530.h"//引用 CC2530 头文件
#define LED1(P1_0)        //LED1 端口宏定义
#define SW1(P1_2)         //SW1 端口宏定义
#define uint unsigned int
#define uchar unsigned char
void delay(uint);         //函数声明
void delay(uint time)
{
  uint i;
  uchar j;
  for(i = 0;i < time;i++)
    for(j = 0;j < 240;j++)
    {
      asm("NOP");//asm 用来在 C 语言代码中嵌入汇编语言操作
      asm("NOP");//汇编命令 NOP 是空操作，消耗一个指令周期
```

```
      asm("NOP");
    }
}
void Init(void)
{
  P1SEL &= ~0x05;          //设置 P1_0 口和 P1_2 为通用 I/O 口
  P1DIR |= 0x01;           //设置 P1_0 口为输出口
  P1DIR &= ~0x04;          //设置 P1_2 口为输入口
}
void main(void)
{
  Init();
  //P1INP &= ~0x04;        //设置 P1_2 口为上拉或下拉
  //P2INP &= ~0x40;        //设置 P1 口所有引脚使用上拉
  LED1 = 0;                //熄灭 LED1
    while(1)//程序主循环
  {
    if(SW1 == 0)           //如果按键被按下
    {
      delay(100);          //为消抖进行延时
      if(SW1 == 0)         //经过延时后按键仍旧处于按下状态
      {
        LED1 = ~LED1;      //反转 LED1 的亮/灭状态
        while(!SW1);       //等待按键松开
      }
    }
  }
}
```

八、启发与思考

软件消抖的实现，具体代码如下。

```
if(SW1 == 0)    //判断按键被按下
    {
    delay(100);     //为消抖进行延时
    if(SW1 == 0 )   //经过延时后按键仍处于按下状态
    ……
    }
```

在实际应用中，还可以利用两个按键控制两个 LED 灯的开与关，具体代码如下。

```
        #include<ioCC2530.h>

        #define uint unsigned int
        #define uchar unsigned char
        #define ON 0            //LED 状态,亮
        #define OFF 1

        #define LED1 P1_0 //定义 LED1 为 P1_0 口控制
        #define LED2 P1_1 //定义 LED2 为 P1_1 口控制
```

```
    #define K1 P1_2          //按键 K1 控制黄灯
    #define K2 P1_6          //按键 K2 控制红灯

    //函数声明
    void delay(uint);        //延时函数
    void Initial(void);      //初始化 P0 口
    void InitKey(void);      //按键初始化
    uchar KeyScan(void);     //按键扫描

    char i = 0;
    uchar Keyvalue = 0;

    /*****************************
    //延时
    *****************************/
void delay(uint time)
{
  uint i;
  uchar j;
  for(i = 0;i < time;i++)
    for(j = 0;j < 240;j++)
    {
    asm("NOP"); //asm用来在 C 语言代码中嵌入汇编语言操作
    asm("NOP"); //汇编命令 NOP 是空操作，消耗一个指令周期
    asm("NOP");
    }
}

    /*******************************************
    //按键初始化
    *******************************************/
    void InitKey (void)
    {
    P1SEL &= ~0X44;
    P1DIR &= ~0X44; //按键在 P1_6 和 P1_2  0100 0100
    P1INP |= 0x03; //上拉
    }

    /*****************************
    //初始化程序
    *****************************/
    void Initial(void)
    {
    P1DIR |= 0x03;
    LED1 =0;
    LED2 = 0;  //LED
    }

    /*******************************************
    //读键值
```

```
       ****************************************/
       uchar KeyScan(void)
        {
   if(K1 == 0)   //低电平有效
   {
     Delay (100);  //检测到按键
     if(K1 == 0)
     {
     while(!K1);    //直到松开按键
     return(1);
     }

   }
   if(K2 == 0)
   {
     Delay(100);
     If  (K2 == 0)
     {
     while(!K2);
     return(2);
     }
   }
   return(0);
}


/**************************
//主函数
**************************/
void main (void)
{
  Initial();          //调用初始化函数
     InitKey();
  LED1 = ON;          //LED1 黄灯亮,表示开始工作
  LED2 = OFF;         //LED2 熄灭
  while(1)
  {
       Keyvalue = KeyScan();
       if(Keyvalue == 1)
       {
       LED1 = ! LED1;      //LED1 闪烁
       Keyvalue = 0;       //清除键值
       }
       if(Keyvalue == 2)
       {
        LED2 = ! LED2;      //LED2 闪烁
        Keyvalue = 0;
       }
  }
}
```

CC2530

3 Chapter

单元三
外部中断应用

📖 本单元目标

知识目标:

- 理解单片机中断的概念和作用。
- 了解中断源的概念。
- 了解中断的处理过程。
- 掌握外部中断的配置方法。
- 了解中断处理函数的编写。

技能目标:

- 根据实际应用将 I/O 端口配置成外部中断输入功能。
- 能够编写外部中断的中断处理函数。

任务一 实现按键控制跑马灯启停

一、任务描述

编写程序使用 SW1 按键控制 CC2530 板上 LED1、LED2、LED3 和 LED4 的亮/灭状态，使它们以跑马灯方式工作，即 CC2530 电路板通电后四个发光二极管以下述方式工作。

① 通电后 LED1、LED2、LED3 和 LED4 都熄灭。

② 延时一段时间后 LED1 点亮。

③ 延时一段时间后 LED2 点亮，此时其他灯都处于熄灭状态。

④ 延时一段时间后 LED3 点亮，此时其他灯都处于熄灭状态。

⑤ 延时一段时间后 LED4 点亮，此时其他灯都处于熄灭状态。

⑥ 返回步骤②循环执行。

在任何时间，当按下一次 SW1 按键后，便暂停跑马灯效果。直到再按下一次 SW1 按键后，跑马灯效果从暂停状态继续执行。

二、任务目标

1. 训练目标

① 检验学生掌握 CC2530 单片机中断基本知识、CC2530 中断系统结构的技能。

② 检验学生掌握 CC2530 单片机中断源以及外部中断的使用等技能。

2. 素养目标

① 培养学生在工作现场的 6S 意识和用电安全意识。

② 爱惜工具，注重场地整洁。

③ 具备积极、主动的探索精神。

三、相关知识

中断部分无疑是 CC2530 的核心之一，要用好 CC2530，就必须掌握中断。例如，接收串口或网口的数据时，如果不用中断，只能不停地查询。另外，如果还要查询是否有按键按下，触摸屏是否有触摸，可以想象，CPU 将深陷在诸多的查询工作中，基本上做不了其他业务，系统的吞吐量会很小。因此，中断是必需的。

21 个 I/O 引脚都可以用作外部中断源输入口。因此如果需要，外部设备可以产生中断。外部中断功能也可以从睡眠模式唤醒设备。通用 I/O 引脚设置为输入后，可以用于产生中断。中断可以设置在外部信号的上升沿或下降沿触发。

1. 中断

（1）中断的概念

"中断"是指 CPU 在执行当前程序时，由于系统中出现某种急需处理的情况，CPU 暂停正在执行的程序，转而执行另一段特殊程序来处理出现的紧急事务，处理结束后，CPU 自动返回原先暂停的程序中继续执行。这种程序在执行过程中由于外界的原因而被打断的情况称为中断。

（2）中断的作用

中断使计算机系统具备应对突发事件的能力，提高了 CPU 的工作效率。如果没有中断系统，CPU 就只能按照程序编写的先后次序，对各个外设进行依次查询和处理，即轮询工作方式。轮询方式貌似公平，但实际工作效率很低，且不能及时响应紧急事件。

（3）相关概念

1）主程序

在发生中断前，CPU 正常执行的处理程序。

2）中断源

引起中断的原因，或发生中断申请的来源。单片机一般具有多个中断源，如外部中断、定时器/计数器中断、ADC 中断等。

3）中断请求

中断源要求 CPU 提供服务的请求。例如，ADC 中断在 ADC 转换结束后，会向 CPU 提出中断请求，要求 CPU 读取 ADC 转换结果。中断源会使用某些特殊功能寄存器中的位来表示是否有中断请求，这些特殊位称为中断标志位，当有中断请求出现时，对应的标志位会被置位。

4）断点

CPU 响应中断后，主程序被打断的位置。当 CPU 处理完中断事件后，会返回断点位置，继续执行主程序。

5）中断处理函数

CPU 响应中断后所执行的相应处理程序。例如，ADC 转换完成中断被响应后，CPU 执行相应的中断处理函数，该函数实现的功能一般是从 ADC 结果寄存器中取走并使用转换好的数据。

6）中断向量

中断处理函数的入口地址，当 CPU 响应中断请求时，会跳转到该地址去执行代码。

（4）中断嵌套和中断优先级

当有多个中断源向 CPU 提出中断请求时，中断系统采用中断嵌套的方式依次处理各个中断源的中断请求，如图 3.1 所示。

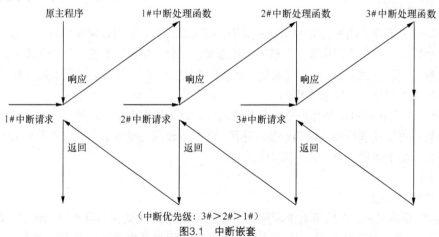

（中断优先级：3#＞2#＞1#）

图3.1　中断嵌套

在中断嵌套过程中，CPU 通过中断源的中断优先级来判断优先为哪个中断源服务。中断优先级高的中断源可以打断优先级低的中断源的处理过程，而同级别或低级别的中断请求不会打断正在处理的中断函数，要等到 CPU 处理完当前的中断请求，才能继续响应后续的中断请求。为了便于灵活运用，单片机各个中断源的优先级通常是可以通过编程设定的。

2. CC2530 的中断系统

（1）CC2530 的中断源

CC2530 具有 18 个中断源，每个中断源都由各自的一系列特殊功能寄存器进行控制。18 个中断源的描述如表 3.1 所示。

表 3.1　CC2530 的中断源

中断号	中断名称	描述	中断向量
0	RFERR	RF 发送完成或接收完成	03H
1	ADC	ADC 转换结束	0BH
2	URX0	USART0 接收完成	13H
3	URX1	USART1 接收完成	1BH
4	ENC	AES 加密/解密完成	23H
5	ST	睡眠计时器比较	2BH
6	P2INT	I/O 端口 2 外部中断	33H
7	UTX0	USART0 发送完成	3BH
8	DMA	DMA 传输完成	43H
9	T1	定时器 1 捕获/比较/溢出	4BH
10	T2	定时器 2 中断	53H
11	T3	定时器 3 捕获/比较/溢出	5BH
12	T4	定时器 4 捕获/比较/溢出	63H
13	P0INT	I/O 端口 0 外部中断	6BH
14	UTX1	USART1 发送完成	73H
15	P1INT	I/O 端口 1 外部中断	7BH
16	RF	RF 通用中断	83H
17	WDT	看门狗计时溢出	8BH

18 个中断源可以根据需要决定是否让 CPU 对其进行响应，只需编程设置相关特殊功能寄存器即可。

（2）CC2530 中断源的优先级

CC2530 将 18 个中断源划分成 6 个中断优先级组 IPG0 ~ IPG5，每组包括 3 个中断源，如表 3.2 所示。

表 3.2　CC2530 中断源的优先级分组

组	中断源		
IPG0	RFERR	RF	DMA
IPG1	ADC	T1	P2INT
IPG2	URX0	T2	UTX0
IPG3	URX1	T3	UTX1
IPG4	ENC	T4	P1INT
IPG5	ST	P0INT	WDT

6 个中断优先级组可以分别被设置成 0~3 级，即由用户指定中断优先级。其中 0 级为最低优先级，3 级为最高优先级。

同时，为了保证中断系统的正常工作，CC2530 的中断系统还存在自然优先级，即：

① 如果多个组被设置成相同级别，则组号小的要比组号大的优先级高。

② 同一组中包括的 3 个中断源，最左侧的优先级最高，最右侧的优先级最低。

要将 6 个中断优先级组设置成不同的优先级别，使用的是 IP0 和 IP1 两个寄存器。这两个寄存器的定义如表 3.3 和表 3.4 所示。

表 3.3　IPx 寄存器的定义

位	位名称	复位值	操作	描述
7:6		00	R/W	不使用
5	IPx_IPG5	0	R/W	中断第 5 组的优先级控制位
4	IPx_IPG4	0	R/W	中断第 4 组的优先级控制位
3	IPx_IPG3	0	R/W	中断第 3 组的优先级控制位
2	IPx_IPG2	0	R/W	中断第 2 组的优先级控制位
1	IPx_IPG1	0	R/W	中断第 1 组的优先级控制位
0	IPx_IPG0	0	R/W	中断第 0 组的优先级控制位

表 3.4　优先级设置

IP1_x	IP0_x	优先级
0	0	0（最低级别）
0	1	1
1	0	2
1	1	3（最高级别）

例如，要设置中断源的优先级为 P0INT>P1INT>P2INT，则可使用以下代码实现。

```
IP1 = 0x30;      //IPG5 级别为 3，IPG4 级别为 2，IPG1 级别为 1
IP0 = 0x22;      //其他组级别为 0
```

四、任务实施

1. 初始化外部中断

外部中断从单片机的 I/O 口向单片机输入电平信号，当输入电平信号的改变符合设置的触发条件时，中断系统便向 CPU 提出中断请求。使用外部中断可以方便地监测单片机外接器件的状态或请求，如按键按下、信号出现或通信请求。

CC2530 的 P0、P1 和 P2 端口的每个引脚都具有外部中断输入功能，要配置某些引脚具有外部中断功能一般遵循图 3.2 所示的操作步骤。

（1）使能端口组的中断功能

CC2530 中的每个中断源都有一个中断功能开关，要使用

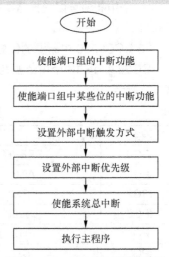

图3.2　CC2530外部中断配置流程

某个中断源的中断功能，必须使能其中断功能。要使能 P0、P1 和 P2 端口的外部中断功能，需要通过 IEN1 和 IEN2 特殊功能寄存器。这两个寄存器的描述如表 3.5 和表 3.6 所示。

表 3.5　IEN1 寄存器的描述

位	位名称	复位值	操作	描述
7:6		00	R0	不使用，读为 0
5	P0IE	0	R/W	端口 0 中断使能。 0：中断禁止。 1：中断使能
4	T4IE	0	R/W	定时器 4 中断使能。 0：中断禁止。 1：中断使能
3	T3IE	0	R/W	定时器 3 中断使能。 0：中断禁止。 1：中断使能
2	T2IE	0	R/W	定时器 2 中断使能。 0：中断禁止。 1：中断使能
1	T1IE	0	R/W	定时器 1 中断使能。 0：中断禁止。 1：中断使能
0	DMAIE	0	R/W	DMA 传输中断使能。 0：中断禁止。 1：中断使能

表 3.6　IEN2 寄存器的描述

位	位名称	复位值	操作	描述
7:6		00	R0	不使用，读为 0
5	WDTIE	0	R/W	看门狗定时器中断使能。 0：中断禁止。 1：中断使能
4	P1IE	0	R/W	端口 1 中断使能。 0：中断禁止。 1：中断使能
3	UTX1IE	0	R/W	USART1 发送中断使能。 0：中断禁止。 1：中断使能
2	UTX0IE	0	R/W	USART0 发送中断使能。 0：中断禁止。 1：中断使能

（续表）

位	位名称	复位值	操作	描述
1	P2IE	0	R/W	端口 2 中断使能。 0：中断禁止。 1：中断使能
0	RFIE	0	R/W	RF 一般中断使能。 0：中断禁止。 1：中断使能

本任务使用 SW1 按键连接在 P1_2 口，需要使能 P1 口中断功能，将 IEN2 寄存器中的 P1IE 设置成 1。

```
IEN2  |=0x10;        //使能 P1 口中断
```

（2）端口中断屏蔽

使能端口组的中断功能后，还需要设置当前端口组中哪几个端口具有外部中断功能，将不需要使用外部中断的端口屏蔽掉。屏蔽 I/O 端口中断使用 Px_IEN 寄存器，P0IEN 和 P1IEN 寄存器的描述如表 3.7 所示。

表 3.7 P0IEN 和 P1IEN 寄存器的描述

位	位名称	复位值	操作	描述
7:0	Px_[7:0]IEN	0x00	R/W	端口 Px_7 到 Px_0 中断使能。 0：中断禁止。 1：中断使能

P2IEN 寄存器的描述如表 3.8 所示。

表 3.8 P2IEN 寄存器的描述

位	位名称	复位值	操作	描述
7:6	Px_[7:0]IEN	00	R/W	未使用
5	DPIEN	0	R/W	USB D+中断使能
4:0	P2_[4:0]IEN	0 0000	R/W	端口 Px_7 到 Px_0 中断使能。 0：中断禁止。 1：中断使能

使能 P1_2 端口中断，需要将 P1IEN 寄存器的第 2 位置 1。

```
P1IEN2  |=0x10;        //使能 P1_2 口中断
```

（3）设置中断触发方式

触发方式即输入到 I/O 口的信号满足什么样的信号变化形式才会引起中断请求，单片机中常见的触发类型有电平触发和边沿触发两类。

1）电平触发

① 高电平触发：输入信号为高电平时会引起中断请求。

② 低电平触发：输入信号为低电平时会引起中断请求。

电平触发引起的中断，在中断处理完成后，如果输入电平仍旧保持有效状态，则会再次引发中断请求，适用于连续信号检测，如外接设备故障信号检测。

2）边沿触发

① 上升沿触发：输入信号出现由低电平到高电平的跳变时会引起中断请求。

② 下降沿触发：输入信号出现由高电平到低电平的跳变时会引起中断请求。

边沿触发方式只在信号发生跳变时才会引起中断，是常见的外部中断触发方式，适用于突发信号检测，如按键检测。

CC2530 的 I/O 口提供了上升沿触发和下降沿触发两种外部触发方式，使用 PICTL 寄存器进行选择。该寄存器的描述如表 3.9 所示。

表 3.9　PICTL 寄存器的描述

位	位名称	复位值	操作	描述
7	PADSC	0	R/W	控制 I/O 口的引脚输出模式下的驱动能力
6:4		0	R0	未使用
3	P2ICON	0	R/W	P2_4 到 P2_0 中断触发方式选择。 0：上升沿触发。 1：下降沿触发
2	P1ICONH	0	R/W	P1_7 到 P1_4 中断触发方式选择。 0：上升沿触发。 1：下降沿触发
1	P1ICONL	0	R/W	P1_3 到 P1_0 中断触发方式选择。 0：上升沿触发。 1：下降沿触发
0	P0ICONL	0	R/W	P0_7 到 P0_0 中断触发方式选择。 0：上升沿触发。 1：下降沿触发

本任务要求按键按下一次后执行暂停或继续跑马灯显示，SW1 在按下过程中会使电信号产生下降沿跳变，松开过程中使电信号产生上升沿跳变。由于要求跑马灯保持按键按下时的状态，故应选择将 P1_2 口设置为下降沿触发方式。

```
PICTL |=0x02;        // P1_3 到 P1_2 口下降沿触发中断
```

（4）设置外部中断优先级

在实际应用中，如果系统中用到了多个中断源，应根据其重要程度分别设置中断优先级。

（5）使能系统总中断

除了各个中断源有自己的中断开关之外，中断系统还有一个总开关。如果说各个中断源的开关相当于楼层各个房间的电闸，则中断总开关相当于楼宇的总电闸。中断总开关控制位是 EA 位，在 IEN0 寄存器中，如表 3.10 所示。

表 3.10　IEN0 寄存器的描述

位	位名称	复位值	操作	描述
7	EA	0	R/W	中断系统使能控制位。 0：禁止所有中断。 1：允许中断功能，但究竟哪些中断被允许还要看各中断源自身的使能控制位设置
6		0	R0	未使用

（续表）

位	位名称	复位值	操作	描述
5	STIE	0	R/W	睡眠定时器中断使能。 0：中断禁止。 1：中断使能
4	ENCIE	0	R/W	AES 加密/解密中断使能。 0：中断禁止。 1：中断使能
3	URX1IE	0	R/W	URX1 接收中断使能。 0：中断禁止。 1：中断使能
2	URX0IE	0	R/W	URX0 接收中断使能。 0：中断禁止。 1：中断使能
1	ADCIE	0	R/W	ADC 中断使能。 0：中断禁止。 1：中断使能
0	RFERRIE	0	R/W	RF 发送/接收中断使能。 0：中断禁止。 1：中断使能

IEN0 寄存器可以进行位寻址，因此要使能总中断，可以直接采用如下方法实现。

```
EA =1;        //使能总中断
```

（6）设计主函数代码

主函数代码具体如下。

```
void main (void)
{
P1SEL &= ~0x03;    //设置 P1_0 和 P1_1 为通用 I/O
P1DIR |=0x03;      //设置 P1_0 和 P1_1 口为输出口

LED1=0;            //熄灭 LED1
LED2=0;            //熄灭 LED2

/********************新增外部中断初始化************************/
IEN2 |=0x10;       //使能 P1 口中断
P1IEN |=0x04;      //使能 P1_2 口中断
PICTL |=0x02;      // P1_3 到 P1_0 口下降沿触发中断
EA =1;             //使能总中断
/**************************************************************/
while(1)    //程序主循环
   {
      delay(1200);   //延时
      P1_0=1;        //点亮 LED1
      delay(1200);   //延时
      P1_1=1;        //点亮 LED2
      delay(1200);   //延时
```

```
        P1_0=0;                //熄灭 LED1
        delay(1200);           //延时
        P1_1=0;                //熄灭 LED2
    }
        }
```

2. 编写中断处理函数

CPU 响应中断后，会中断正在执行的主程序代码，转而执行相应的中断处理函数。因此，要使用中断功能，还必须编写中断处理函数。

（1）中断处理函数的编写格式

中断服务处理的编写格式具体如下。

```
#pragma vector=<中断向量>
__interrupt void <函数名称> (void)
{
/*编写中断处理程序*/
}
```

在每一个中断处理函数之前，都要加上一行起始语句：

```
        #pragma vector = <中断向量>
```

<中断向量>表示接下来要写的中断处理函数是为哪个中断源进行服务的。该语句有两种写法，比如为任务所需的 P1 口中断编写中断处理函数时：

```
#pragma vector =0x78 或#pragma vector =P1INT_VECTOR
```

前者是将<中断向量>用具体的值表示，后者是将<中断向量>用单片机头文件中的宏定义表示。

要查看单片机头文件中有关中断向量的宏定义，可打开“ioCC2530.h”头文件，查找“Interrupt Vectors”部分，便可以看到 18 个中断源所对应的中断向量定义，如图 3.3 所示。

```
/* -----------------------------------------------------------------------------
 *                              Interrupt Vectors
 /* -----------------------------------------------------------------------------
 */

#define   RFERR_VECTOR   VECT(  0, 0x03 )   /*  RF TX FIFO Underflow and RX FIFO Overflow   */
#define   ADC_VECTOR     VECT(  1, 0x0B )   /*  ADC End of Conversion                       */
#define   URX0_VECTOR    VECT(  2, 0x13 )   /*  USART0 RX Complete                          */
#define   URX1_VECTOR    VECT(  3, 0x1B )   /*  USART1 RX Complete                          */
#define   ENC_VECTOR     VECT(  4, 0x23 )   /*  AES Encryption/Decryption Complete          */
#define   ST_VECTOR      VECT(  5, 0x2B )   /*  Sleep Timer Compare                         */
#define   P2INT_VECTOR   VECT(  6, 0x33 )   /*  Port 2 Inputs                               */
#define   UTX0_VECTOR    VECT(  7, 0x3B )   /*  USART0 TX Complete                          */
#define   DMA_VECTOR     VECT(  8, 0x43 )   /*  DMA Transfer Complete                       */
#define   T1_VECTOR      VECT(  9, 0x4B )   /*  Timer 1 (16–bit) Capture/Compare/Overflow   */
#define   T2_VECTOR      VECT( 10, 0x53 )   /*  Timer 2 (MAC Timer)                         */
#define   T3_VECTOR      VECT( 11, 0x5B )   /*  Timer 3 (8–bit) Capture/Compare/Overflow    */
#define   T4_VECTOR      VECT( 12, 0x63 )   /*  Timer 4 (8–bit) Capture/Compare/Overflow    */
```

```
#define   P0INT_VECTOR   VECT( 13, 0x6B )    /*   Port 0 Inputs                        */
#define   UTX1_VECTOR    VECT( 14, 0x73 )    /*   USART1 TX Complete                   */
#define   P1INT_VECTOR   VECT( 15, 0x78 )    /*   Port 1 Inputs                        */
#define   RF_VECTOR      VECT( 16, 0x83 )    /*   RF General Interrupts                */
#define   WDT_VECTOR     VECT( 17, 0x8B )    /*   Watchdog Overflow in Timer Mode      */
```

图3.3　"ioCC2530.h" 头文件中的中断向量宏定义

"__interrupt" 表示函数是一个中断处理函数，"<函数名称>" 可以随便取名，函数体不能带参数或有返回值。注意："interrupt" 前面的 "_" 是两个短下画线构成的。

（2）识别触发外部中断的端口

P0、P1 和 P2 口分别使用 P0IF、P1IF 和 P2IF 作为中断标志位，任何一个端口组的 I/O 口产生外部中断时，会将对应端口组的外部中断标志位自动置位。例如，本任务中当 SW1 按下后，P1IF 会变成 1，此时 CPU 将进入 P1 口中断处理函数中处理事件。外部中断标志位不能自动复位，因此必须在中断处理函数中手工清除该中断标志位，否则 CPU 将反复进入中断过程。清除 P1 口外部中断标志位的方法如下。

```
P1IF=0;     //清除 P1 口中断标志位
```

CC2530 中有 P0IFG、P1IFG 和 P2IFG 3 个端口状态标志寄存器，分别对应 P0、P1 和 P2 各位的中断触发状态。当被配置成外部中断的某个 I/O 口触发中断请求时，对应标志位会被自动置位，在进行中断处理时可通过判断相应寄存器的值来确定是哪个端口引起的中断。P0IFG 和 P1IFG 寄存器的描述如表 3.11 所示，P2IFG 寄存器的描述如表 3.12 所示。

表 3.11　P0IFG 和 P1IFG 寄存器的描述

位	位名称	复位值	操作	描述
7:0	PxIF[7:0]	0	R/W0	端口 Px_7 到 Px_0 的中断状态标志，当输入端口有未响应的中断请求时，相应标志位置 1，需要软件复位

表 3.12　P2IFG 寄存器的描述

位	位名称	复位值	操作	描述
7:6		00	R0	未使用
5	DPIF	0	R /W0	USB D+中断标志位
4:0	P2IF[4:0]	0 0000	R /W0	端口 P2_4 到 P2_0 的中断状态标志，当输入端口有未响应的中断请求时，相应标志位置 1，需要软件复位

在外部中断处理函数时，也应将触发中断的相应外部中断标志位状态采用编程方式清零。识别 P1_2 端口上按键中断的方法如下。

```
if (P1IFG & 0x04)    //如果 P1_2 口中断标志位置位
{
 while (P1_2==1);  //清除抖动
   delay(1200);     //延时
 while (P1_2==1);
   /*编写按键功能代码*/
 P1IFG &= ~0x04;   //清除 P1_2 口中断标志位
}
```

（3）实现跑马灯启停功能

根据任务要求，为了产生暂停的效果，我们可以在整个程序中定义一个全局变量作为跑马灯的标志位，如：

```
unsigned char flag_Pause=0;     //跑马灯运行标志位，1 为暂停，0 为运行
```

将此标志位放到延时函数 delay() 中，使用 while (flag_Pause); 语句判断 flag_Pause 的值.当其为 1 时，while 语句会循环执行，起到暂停的效果。修改后的延时函数如下。

```
/******************************
函数名称：delay
功    能：软件延时
入口参数：time——延时循环执行次数
出口参数：无
返回参数：无
******************************/
void delay(unsigned int time)
{ unsigned int i;
  unsigned char j;
  for(i = 0; i < time; i++)
  { for(j = 0; j < 240; j++)
     {   asm("NOP");     // asm 是内嵌汇编，NOP 是空操作，执行一个指令周期
         asm("NOP");
         asm("NOP");
         while(flag_Pause);      //根据 flag_Pause 的值确定是否在此循环
     }
  }
}
```

最后，在外部中断处理函数中的 P1_2 端口识别代码中，修改 flag_Pause 标志位的值即可实现任务的功能。完整的 P1 口外部中断处理函数如下。

```
#pragma vector = P1INT_VECTOR
__interrupt void P1_INT(void)
{
 if (P1IFG & 0x04)        //如果 P1_2 口中断标志位置位
  {
    if(flag_Pause = =0)
    {
      flag_Pause =1;
    }
    else
    {
      flag_Pause =0;
    }
    P1IFG &= ~0x04;   //清除 P1_2 口中断标志位
  }
    P1IF=0;       //清除 P1 口中断标志位
  }
```

五、考核与评价

按键控制跑马灯启停项目训练评分标准如表 3.13 所示。

表 3.13　按键控制跑马灯启停项目训练评分标准

一级指标	二级指标	分值	扣分点及扣分原因	扣分	得分
训练过程（80%）	计划与准备	10	做好测试前的准备，不进行清点接线、设备、材料等操作扣除 2 分	5	
			带电拔插元器件扣除 1 分	5	
	电路分析	20	CC2530 引脚功能	5	
			LED 灯与 CC2530 引脚的关系	5	
			LED 灯与电平的关系	5	
			中断源优先级的分析	5	
	代码设计	30	正确建立工程	5	
			编写流程图	5	
			程序设计，包括引用头文件、设计延时程序、初始化 I/O、中断处理函数、主程序代码设计等	20	
	职业素养	10	编程过程中及结束后，桌面及地面不符合 6S 基本要求扣除 3~5 分	10	
		10	对耗材浪费，不爱惜工具，扣除 3 分；损坏工具、设备扣除本大项 20 分；选手发生严重违规操作或作弊，取消成绩	10	
训练结果（20%）	实作结果及质量	20	工艺和功能验证	10	
			撰写考核记录报告	10	
总计		100			

六、任务小结

按键中断开启顺序：端口组(IEN2)→引脚或位(P1IEN)→时序(PICTL)→总开关(EA)。

按键中断关闭顺序：中断标志位(与 P1IFG)→引脚(与非 P1IFG)→端口组 (P1IF=0)。

__interrupt 表示函数是一个中断处理函数，<函数名称>应与库函数中名称相同，函数体不能带参数或有返回值。注意："interrupt" 前面的 "_" 是两个短下画线构成的。

PICTL 进行 P0、P1 和 P2 触发方式设置，注意是 "I"，非 "1"。PxIEN 表示中断使能，PxIFG 表示中断标志。向量英文小写，向量名英文大写。

七、参考程序

```
#include "ioCC2530.h"

#define LED1 P1_0
#define LED2 P1_1
#define LED3 P1_3
#define LED4 P1_4

#define uint unsigned int
#define uchar unsigned char
uint flag_Pause=0;
void delay(uint);
```

```
void delay(uint time)
{ uint i;
  uchar j;
  for(i = 0; i < time; i++)
  { for(j = 0; j < 240; j++)
     {  asm("NOP");      // asm 是内嵌汇编，nop 是空操作，执行一个指令周期
        asm("NOP");
        asm("NOP");
while(flag_Pause);     //根据 flag_Pause 的值确定是否在此循环
     }
   }
}
void Init(void)
{
//P1SEL &=  ~0x1B;   //设置 P1_0、P1_1、P1_3 和 P1_4 为通用 I/O
P1DIR |=0x1B;        //设置 P1_0、P1_1、P1_3 和 P1_4 为为输出口
LED1=LED2=LED3=LED4=0;              //全部熄灭 LED
}
void LSD(void)
{
     LED1=1;                   //点亮 LED1
LED2=LED3=LED4=0;        //熄灭 LED2、LED3 和 LED4
     delay(1200);              //延时
LED2=1;                   //点亮 LED2
LED1=LED3=LED4=0;        //熄灭 LED1、LED3 和 LED4
delay(1200);              //延时
LED3=1;                   //点亮 LED3
LED1=LED2=LED4=0;        //熄灭 LED1、LED2 和 LED4
delay(1200);              //延时
LED4=1;                   //点亮 LED4
LED1=LED2=LED3=0;        //熄灭 LED1、LED2 和 LED3
delay(1200);              //延时
}


void main(void)
{
Init();  //初始化
/*********************新增外部中断初始化*******************/
IEN2  |=0x10;           //使能 P1 口中断
P1IEN  |=0x04;          //使能 P1_2 口中断
PICTL  |=0x02;          // P1_3 到 P1_0 口下降沿触发中断
EA =1;                  //使能总中断
/*************************************************************/
while(1)    //程序主循环
   {
     LSD();
   }
 }

#pragma vector = P1INT_VECTOR
```

```
__interrupt void P1_INT(void)
{
 if (P1IFG & 0x04)         //如果 P1_2 口中断标志位置位
  {
    if(flag_Pause ==0)
     {
       flag_Pause =1;
      }
     else
    {
      flag_Pause =0;
      }
    P1IFG &=  ~0x04;    //清除 P1_2 口中断标志位
    }
P1IF=0;       //清除 P1 口中断标志位
    }
```

八、启发与思考

CC2530 的 I/O 口都能配置成外部中断功能，提供了上升沿触发和下降沿触发两种触发方式。要使用中断功能，必须使能中断总开关 EA，同时使能各个中断源自身的控制开关。当某个中断源向 CPU 提出中断请求时，会将自身的中断标志位自动置位。对于外部中断来说，需要在中断处理函数中手工清除中断标志位，以免 CPU 重复响应中断请求。在外部中断中，可根据外部中断状态寄存器判断引起中断的具体引脚是哪一个，同时也应在中断处理函数中清除相应的标志位。

任务二　中断方式实现按键控制 LED 灯开关

一、任务描述

编写程序使用 SW1 按键控制 CC2530 板上 LED1 和 LED2 的亮/灭状态，使它们以跑马灯方式工作，即 CC2530 板通电后两个发光二极管以下述方式工作。

① 系统上电后 LED1 和 LED2 都熄灭。
② 第一次按下 SW1 按键后，LED1 点亮。
③ 第二次按下 SW1 按键后，LED2 点亮。
④ 第三次按下 SW1 按键后，LED1 熄灭。
⑤ 第四次按下 SW1 按键后，LED2 熄灭。
⑥ 再次按下按键后，要求从步骤②开始进入新的控制周期。

二、任务目标

1. 训练目标
① 检验学生掌握 CC2530 单片机中断基本知识、CC2530 中断系统结构的技能。
② 检验学生掌握 CC2530 单片机中断源以及外部中断的使用等技能。
2. 素养目标
① 培养学生在工作现场的 6S 意识和用电安全意识。

② 爱惜工具，注重场地整洁。

③ 具备积极、主动的探索精神。

三、相关知识

1. if 语句

if 语句一般用 if-else 语句来构成分支结构。if 语句存在 4 种形式，每种形式都需要使用布尔表达式。在大数情况下，一条 if 语句往往需要执行多行代码，这就需要用一对花括号将它们括起来，形成语句块。建议即使在只有一条语句时也这样做，因为这会使程序更容易阅读和更容易扩展。

if 语句的基本格式如下。

（1）形式 1

```
if(条件表达式){
语句1
}
```

（2）形式 2

```
if(条件表达式){
语句1
}else{
语句2}
```

（3）形式 3

```
if(条件表达式1){
语句1
}else if (条件表达式2){
语句2
}else{
语句3
}
```

（4）形式 4

```
if(条件表达式1)
    if(条件表达式2) {
    语句1
}else {
语句2
}else{
语句3
}
```

第一种形式可以称为不对称的 if 语句。if 语句的执行取决于表达式的值，如果表达式的值为 true，则执行这段代码；否则跳过。

第二种形式可以称为标准 if-else 语句，这种形式把程序分成了两个不同的分支。如果表达式为 true，就执行 if 部分的代码，并跳过 else 部分的代码；如果为 false，则跳过 if 部分的代码，并执行 else 部分的代码。

第三种形式是上面两种形式的结合，并可以根据需要增加 else if 部分。语句 2 的执行条件为表达式 1 成立，表达式 2 不成立。

第四种形式是 if 语句嵌套形式，在外部 if 结构中又嵌套一个 if-else 结构。在这种形式中，若 else 个数与 if 个数不匹配，则 else 与离它最近的未匹配的 if 配对。

无论采用哪种形式，在任何时候，if 结构在执行时都只能执行其中某一段代码，而不会同时执行两段，因为布尔表达式的值控制着程序执行流只能走向某一个确定的方向，而不会是两个方向。

2. switch 语句

switch 语句与 if 语句在本质上相似，但它可以简洁地实现多路选择。它提供了一种基于一个表达式的值来使程序执行不同部分的简单方法。

switch 语句把表达式返回的值与每个 case 子句中的值比较，如果匹配成功，则执行 case 子句后的语句序列。case 分支中包括多个执行语句时，可以不用花括号｛｝括起来。

（1）switch 语句的格式

```
switch (表达式 0)
{
    case 常量表达式 1：语句组 1；break；
    case 常量表达式 2：语句组 2；break；
    case 常量表达式 3：语句组 3；break；
    ……
    case 常量表达式 n：语句组 n；break；
    default：语句组 n+1；
}
```

（2）switch 语句的使用说明

① switch 语句中的判断表达式必须为 byte、short、int 或 char 类型，不能是长整型或其他类型。每个 case 后面的值必须是与表达式类型兼容的特定常量，并且同一个 switch 语句中的每个 case 值不能与其他 case 值重复。

② default 子句是可选的。当表达式的值与所有 case 子句中的值都不匹配时，程序执行 default 后面的语句。如果表达式的值与任何 case 子句中的值都不匹配且没有 default 子句，则程序不执行任何操作，直接跳出 switch 语句。

③ break 语句用来在执行完一个 case 分支后，使程序跳出 switch 语句，即终止 switch 语句的执行。因为 case 子句只是起到一个标号的作用，用来查找匹配的入口并从此处开始执行，对后面的 case 子句不再进行匹配，而是直接执行其后的语句序列，所以应该在每个 case 分支之后，用 break 语句来终止 case 分支语句的执行。

④ 在一些特殊情况下，多个不同的 case 值要执行一组相同的操作，这时可以不用 break。

从以上说明可以看出，switch 语句的终止条件有两个，一是执行到最后自然结束，二是执行到 break 语句强制结束。

3. for 循环语句

for 循环通过控制一系列的表达式重复循环体内语句块的执行，直到循环条件不成立为止。该语句的基本形式如下。

```
for (表达式 1；表达式 2；表达式 3) {
循环体；
}
```

for 语句的使用说明如下。

① 表达式 1 用来初始化循环变量，只执行一次。

② 表达式 2 定义循环体的终止条件，返回值必须为布尔值。

③ 表达式 3 为循环控制，定义循环变量在每次执行循环时如何改变。

④ 循环体为语句或语句块，一般用{}括起来，它是条件成立时反复执行的部分。

for 语句的执行顺序如下。

步骤 1：执行初始化操作。

步骤 2：判断循环终止条件是否成立，若成立，则执行步骤 3；若不成立，则终止循环的执行。

步骤 3：执行循环体。

步骤 4：执行表达式 3，改变循环变量，完成一次循环后，重新到步骤 2 判断终止条件。

4. while 循环语句

while 循环语句是最基本的循环语句。其语句的基本形式：

```
while(条件表达式){
循环体;
}
```

while 语句中条件表达式的值决定着循环体内的语句是否被执行。如果条件表达式的值为 true，那么就执行循环体内的语句；如果为 false，就会跳过循环体，执行循环后面的程序。每执行一次 while 循环体，就重新计算一次条件表达式，直到条件表达式的值为 false。

while 语句的执行顺序如下。

步骤 1：判断条件表达式的值，若为 true，则执行步骤 2（执行循环体）；若为 false，则结束循环的执行。

步骤 2：执行循环体。

步骤 3：执行判断条件表达式的值，进行新一轮的循环。

5. do-while 循环语句

do-while 语句与 while 语句非常类似，不同的是，do-while 语句首先执行循环体，然后计算终止条件，若结果为 true，则继续执行 do-while 循环内的语句，直到条件表达式的值为 false。也就是说，无论条件表达式的值是否为 true，都会执行一次循环体。该语句的基本形式如下。

```
do{
循环体;
} while(条件表达式);
```

四、任务实施

1. 初始化外部中断

外部中断，即从单片机的 I/O 口向单片机输入电平信号，当输入电平信号的改变符合设置的触发条件时，中断系统便向 CPU 提出中断请求。使用外部中断可以方便地监测单片机外接器件的状态或请求，如按键按下、信号出现或是通信请求。

CC2530 的 P0、P1 和 P2 端口中的每个引脚都具有外部中断输入功能，要配置某些引脚具有外部中断功能一般遵循图 3.4 所示的操作步骤。

（1）端口中断屏蔽

使能端口组的中断功能后，还需要设置当前端口组中具体哪几个端口具有外部中断功能，将不需要使用外部中

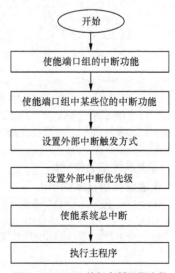

图3.4 CC2530外部中断配置流程

断的端口屏蔽掉。使能 P1_2 端口中断，需要将 P1IEN 寄存器的第 2 位置 1。

```
P1IEN2 |=0x10;        //使能 P1_2 口中断
```

（2）设置中断触发方式

触发方式，即输入到 I/O 口信号满足什么样的信号变化形式才会引起中断请求，单片机中常见的触发类型有电平触发和边沿触发两类。

1）电平触发

① 高电平触发：输入信号为高电平时会引起中断请求。

② 低电平触发：输入信号为低电平时会引起中断请求。

电平触发引起的中断，在中断处理完成后，如果输入电平仍旧保持有效状态，则会再次引发中断请求，适用于连续信号检测，如外接设备故障信号检测。

2）边沿触发

① 上升沿触发：输入信号出现由低电平到高电平的跳变时会引起中断请求。

② 下降沿触发：输入信号出现由高电平到低电平的跳变时会引起中断请求。

边沿触发方式只在信号发生跳变时才会引起中断，是常见的外部中断触发方式，适用于突发信号检测，如按键检测。

本任务要求按键按下一次后，利用中断方式实现按键控制 LED 灯开关。

（3）设置外部中断优先级

在实际应用中，如果系统中用到多个中断源，应根据其重要程序分别设置好中断优先级。

（4）使能系统总中断

除了各个中断源有自己的中断开关，中断系统还有一个总开关。如果说各个中断源的开关相当于楼层各个房间的电闸，则中断总开关相当于楼宇的总电闸。IEN0 寄存器可以进行位寻址，因此要使能总中断，可以直接采用如下方法实现。

```
EA =1;        //使能总中断
```

初始化函数代码具体如下。

```
void init()
{    P1SEL &=~0x1F;        //设置 LED1、SW1 为普通 IO 口
     P1DIR |= 0x1B;    //设置 LED1 为输出
     P1DIR &= ~0X04;    //SW1 按键在 P1_2,设定为输入
     LED1 = 0;        //灭 LED
     LED2 = 0;

     PICTL &= ~0x02;    //配置 P1 口的中断边沿为上升沿产生中断
     P1IEN |= 0x04;    //使能 P1_2 中断
     IEN2 |= 0x10;    //使能 P1 口中断
     EA = 1;        //使能全局中断
}
```

（5）设计主函数代码

主函数代码具本如下：

```
void main(void)
{
    init();    //调用初始化函数
    while(1)
    {
```

Chapter 3

```
        }
    }
```

2. 编写中断处理程序

CPU 响应中断后，会中断正在执行的主程序代码，转而去执行相应的中断处理函数。因此，要使用中断功能还必须编写中断处理函数。

中断处理函数的编写格式具体如下。

```
#pragma vector=<中断向量>
__interrupt void <函数名称>(void)
{
/*编写中断处理程序*/
}
```

在每一个中断处理函数之前，都要加上一行起始语句：

```
          #pragma vector = <中断向量>
#pragma vector=P1INT_VECTOR
__interrupt void P1_INT(void)
{
    EA = 0;              //关闭全局中断
    /* 若是 P1_2 产生的中断 */
    if (P1IFG & 0x04)
    {

        KeyTouchtimes++;
        if (KeyTouchtimes >=4)
        {
            KeyTouchtimes = 0;
        }
        switch (KeyTouchtimes)
        {
            case 0:
              LED1 = 0; LED2 = 0;
              break;
            case 1:
              LED1= 1; LED2 = 0;
              break;
            case 2:
              LED1 = 1; LED2= 1;
              break;
            case 3:
              LED1 = 0; LED2= 1;
              break;
                }

        P1IFG &= ~0x04;   //清除 P1_2 中断标志
    }
    EA = 1;             // 使能全局中断
}
```

编译并生成目标代码，下载到 CC2530 板上运行，依次按下 SW1 按键，观察中断方式下控制 LED 灯的开关。

五、考核与评价

中断方式实现按键控制 LED 灯开关项目训练评分标准如表 3.14 所示。

表 3.14　中断方式实现按键控制 LED 灯开关项目训练评分标准

一级指标	二级指标	分值	扣分点及扣分原因	扣分	得分
训练过程（80%）	计划与准备	10	做好测试前的准备, 不进行清点接线、设备、材料等操作扣除 2 分	5	
			带电拔插元器件扣除 1 分	5	
	电路分析	20	CC2530 引脚功能	5	
			LED 灯与 CC2530 引脚的关系	5	
			LED 灯与电平的关系	5	
			中断源优先级的分析	5	
	代码设计	30	正确建立工程	5	
			编写流程图	5	
			程序设计, 包括引用头文件、设计延时程序、初始化 I/O、中断处理函数、主程序代码设计等	20	
	4.职业素养	10	编程过程中及结束后, 桌面及地面不符合 6S 基本要求扣除 3~5 分	10	
		10	对耗材浪费, 不爱惜工具, 扣除 3 分; 损坏工具、设备扣除本大项 20 分; 选手发生严重违规操作或作弊, 取消成绩	10	
训练结果（20%）	实作结果及质量	20	工艺和功能验证	10	
			撰写考核记录报告	10	
总计		100			

六、任务小结

switch 语句把表达式返回的值与每个 case 子句中的值比较, 如果匹配成功, 则执行 case 子句后的语句序列。中断方式借助 switch 语句实现按键控制 LED 灯开关功能。

七、参考程序

```
/*********************************************************/
/* 包含头文件 */
/*********************************************************/
#include "ioCC2530.h"  //引用头文件,包含对 CC2530 的寄存器、中断向量等的定义
/*********************************************************/

#define LED1 P1_0        // P1_0 定义为 LED1
#define LED2 P1_1        // P1_1 定义为 LED2
#define SW1  P1_2         // P1_2 定义为 SW1

unsigned int KeyTouchtimes = 0 ; //定义变量记录按键次数
```

```
/****************************************************************
 * 函数名称：delay
 * 功    能：软件延时
 * 入口参数：无
 * 出口参数：无
 * 返 回 值：无
 ****************************************************************/
void delay(unsigned int time)
{ unsigned int i;
  unsigned char j;
  for(i = 0; i < time; i++)
  { for(j = 0; j < 240; j++)
    {  asm("NOP");     // asm 是内嵌汇编，NOP 是空操作，执行一个指令周期
       asm("NOP");
       asm("NOP");
    }
  }
}


/****************************************************************
 * 函数名称：init
 * 功    能：初始化系统 IO，定时器 T1 控制状态寄存器
 * 入口参数：无
 * 出口参数：无
 * 返 回 值：无
 ****************************************************************/
void init()
{   P1SEL &=~0x1F;      //设置 LED1、SW1 为普通 IO 口
    P1DIR |= 0x1B;      //设置 LED1 为输出
    P1DIR &= ~0X04;     //SW1 按键在 P1_2，设定为输入
    LED1 = 0;           //灭 LED
    LED2 = 0;

    PICTL &= ~0x02;   //配置 P1 口的中断边沿为上升沿产生中断
    P1IEN |= 0x04;    //使能 P1_2 中断
    IEN2 |= 0x10;     //使能 P1 口中断
    EA = 1;           //使能全局中断
}


/****************************************************************
 * 函数名称：P1_INT
 * 功    能：外部中断处理函数
 * 入口参数：无
 * 出口参数：无
 * 返 回 值：无
 ****************************************************************/
#pragma vector=P1INT_VECTOR
__interrupt void P1_INT(void)
{
```

```
    EA = 0;              //关闭全局中断
    /* 若是 P1_2 产生的中断 */
    if(P1IFG & 0x04)
    {

        KeyTouchtimes++;
        if(KeyTouchtimes >=4)
        {
            KeyTouchtimes = 0;
        }
        switch(KeyTouchtimes)
        {
            case 0:
              LED1 = 0; LED2 = 0;
              break;
            case 1:
              LED1= 1; LED2 = 0;
              break;
            case 2:
              LED1 = 1; LED2= 1;
              break;
            case 3:
              LED1 = 0; LED2= 1;
              break;
                }

        P1IFG &= ~0x04;    //清除 P1_2 中断标志
    }
    EA = 1;             // 使能全局中断
}


/****************************************************************
* 函数名称：main
* 功    能：main 函数入口
* 入口参数：无
* 出口参数：无
* 返 回 值：无
****************************************************************/
void main(void)
{
    init();   //调用初始化函数
    while(1)
    {
    }
}
```

八、启发与思考

中断方式借助 switch 语句与每个 case 子句中的值比较实现按键控制 LED 灯开关或计数功能。

4 Chapter

CC2530

单元四
定时器/计数器应用

📖 本单元目标

知识目标：

- 理解定时器/计数器的概念和作用。
- 了解定时器/计数器的工作原理。
- 掌握定时器/计数器的类型和使用方法。
- 理解定时器/计数器的中断的使用方法。

技能目标：

- 根据实际应用对定时器/计数器进行定时或计数。

任务一　定时器 1 控制 LED 周期性闪烁

一、任务描述

编写程序使用 CC2530 单片机内部定时器/计数器控制 CC2530 板上的 LED1 周期性闪烁。

① 通电后 LED1 每隔 2s 闪烁一次。

② LED1 每次闪烁点亮时间为 0.5s。

二、任务目标

1. 训练目标

① 检验学生掌握 CC2530 单片机定时器/计数器 1 的工作原理。

② 检验学生掌握 CC2530 单片机定时器/计数器 1 的使用方法。

③ 检验学生掌握 CC2530 单片机定时器/计数器 1 的中断应用等技能。

2. 素养目标

① 培养学生在工作现场的 6S 意识和用电安全意识。

② 爱惜工具，注重场地整洁。

③ 具备积极、主动的探索精神。

三、相关知识

定时器/计数器是嵌入式系统中的重要部件，凡是和时间相关的应用几乎都离不开它。当计数器的输入信号是固定周期的脉冲信号时，计数器就可以起定时作用，可看作定时器。定时器一般用 Timer 表示。

1. 定时器/计数器的作用与工作原理

（1）定时器/计数器的作用

定时器/计数器的基本功能是实现定时和计数，且在整个工作过程中不需要 CPU 进行过多的参与，它的出现将 CPU 从相关任务中解放出来，提高了 CPU 的使用效率。例如，之前实现 LED 灯闪烁时采用的是软件延时方法，在延时过程中，CPU 通过执行循环指令来消耗时间，在整个延时过程中会一直占用 CPU，降低了 CPU 的工作效率。若使用定时器/计数器来实现延时，则在延时过程中 CPU 可以执行其他工作任务。CPU 与定时器/计数器之间的交互关系如图 4.1 所示。

1）定时器功能

对规定时间间隔的输入信号的个数进行计数，当计数值达到指定值时，说明定时时间已到。其输入信号一般使用内部的时钟信号。

2）计数器功能

对任意时间间隔的输入信号的个数进行计数，一般用来对外界事件进行计数。其输入信号一般来自单片机外部开关型传感器，可用于生产线产品计数、信号数量统计和转速测量等方面。

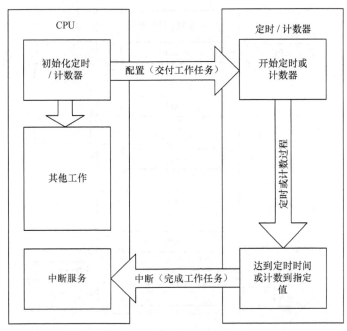

图4.1 CPU与定时器/计数器交互

3）捕获功能

对规定时间间隔的输入信号的个数进行计数，当外界输入有效信号时，捕获计数器的计数值。该功能通常用来测量外界输入脉冲的脉宽或频率，需要在外界输入信号的上升沿和下降沿进行两次捕获，通过计算两次捕获的差值可以计算出脉宽或周期等信息。

4）比较功能

当计数值与需要进行比较的值相同时，向 CPU 提出中断请求或改变 I/O 口输出控制信号。该功能一般用来控制 LED 灯亮度或电机转速。

（2）基本工作原理

无论使用定时器/计数器的哪种功能，其最基本的工作原理是计数。定时器/计数器的核心是一个计数器，可以进行加 1（或减 1）计数，每出现一个计数信号，计数器就自动加 1（或自动减 1）。当计数值从最大值变成 0（或从 0 变成最大值）溢出时，定时器/计数器便向 CPU 提出中断请求。计数信号的来源可选择周期性的内部时钟信号（如定时功能）或非周期性的外界输入信号（如计数功能）。

一个典型单片机内部 8 位减 1 计数器工作过程如图 4.2 所示。

2. 定时器/计数器的分类

CC2530 中共包括 5 个定时器/计数器，分别是定时器 1、定时器 2、定时器 3、定时器 4 和睡眠定时器。

（1）定时器 1

定时器 1 是一个 16 位定时器，是功能最全的定时器/计数器，它主要具有以下功能。

① 支持输入捕获功能，可选择上升沿、下降沿或任何边沿进行输入捕获。

② 支持输出比较功能，输出可选择设置、清除或切换。

③ 支持 PWM 功能。

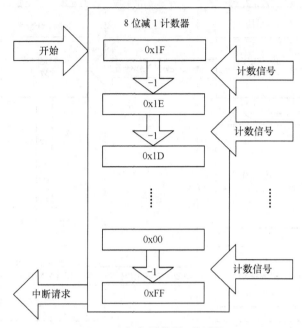

图4.2 8位减1计数器工作过程

④ 具有 5 个独立的捕获/比较通道，每个通道使用一个 I/O 引脚。

⑤ 具有自由运行、模、正计数/倒计数 3 种不同的工作模式。

⑥ 具有可被 1、8、32 或 128 整除的时钟分频器，为计数器提供计数信号。

⑦ 能在每个捕获/比较和最终计数上产生中断请求。

⑧ 能触发 DMA 功能。

（2）定时器 2

定时器 2 主要用于为 IEEE 802.15.4 CSMA/CA 算法提供定时，以及为 IEEE 802.15.4 MAC 层提供一般的计时功能，也称为 MAC 定时器。用户一般不使用该定时器。

（3）定时器 3 和定时器 4

定时器 3 和定时器 4 都是 8 位定时器，可用于 PWM 控制，主要具有以下功能。

① 支持输入捕获功能，可选择上升沿、下降沿或任何边沿进行输入捕获。

② 支持输出比较功能，输出可选择设置、清除或切换。

③ 具有两个独立的捕获/比较通道，每个通道使用一个 I/O 引脚。

④ 具有自由运行、模、正计数/倒计数、倒计数 4 种不同的工作模式。

⑤ 具有可被 1、2、4、8、16、32、64 或 128 整除的时钟分频器，为计数器提供计数信号。

⑥ 能在每个捕获/比较和最终计数上产生中断请求。

⑦ 能触发 DMA 功能。

（4）睡眠定时器

睡眠定时器是一个 24 位正计数定时器，运行在 32kHz 的时钟频率下，支持捕获/比较功能，能够产生中断请求和 DMA 触发。睡眠定时器主要用于设置系统进入和退出低功耗睡眠方式的周期，还用于低功耗睡眠模式时维持定时器 2 的定时。

3. 工作模式

CC2530 的定时器 1 只具备"自由运行""模"和"正计数/倒计数"3 种不同的工作模式。

（1）自由运行模式

在自由运行模式下，计数器从 0x0000 开始，在每个活动时钟边沿增加 1，当计数器达到 0xFFFF 时溢出，计数器重新载入 0x0000 并开始新一轮的递增计数，如图 4.3 所示。

自由运行模式的计数周期是固定值 0xFFFF，当计数器达到最终计数值 0xFFFF 时，系统自动设置标志位 IRCON.T1IF 和 T1STAT.OVFIF。如果用户设置了相应的中断屏蔽位 TIMIF.T1OVFIM 和 IEN1.T1EN，将产生一个中断请求。

（2）模模式

在模模式下，计数器从 0x0000 开始，在每个活动时钟边沿增加 1，当计数器达到 T1CC0 寄存器保存的值时溢出，计数器将复位到 0x0000 并开始新一轮递增计数，如图 4.4 所示。

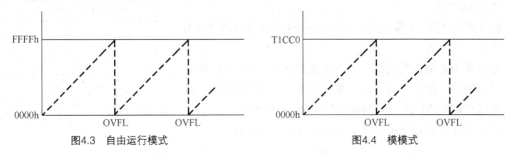

图4.3 自由运行模式   图4.4 模模式

计数溢出后，将置位相应标志位。如果设置了相应的中断使能，则会产生一个中断请求。T1CC0 由两个寄存器 T1CC0H 和 T1CC0L 构成，分别用来保存最终计数值的高 8 位和低 8 位。模模式的计数周期不是固定值，可由用户自行设定，以便获取不同时长的定时时间。

定时器 3 和定时器 4 的倒计数模式类似于模模式，只不过计数值是从最大计数值向 0x00 倒序计数。

（3）正计数/倒计数模式

在正计数/倒计数模式下，计数器反复从 0x0000 开始，正计数到 T1CC0 保存的最终计数值，然后倒计时返回 0x0000，如图 4.5 所示。

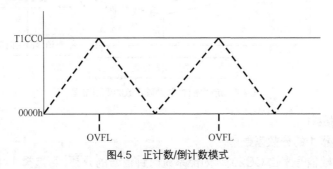

图4.5 正计数/倒计数模式

在正计数/倒计数模式下，计数器在到达最终溢出，并置位相关标志位后，若用户已使能相关中断，则会产生中断请求。这种模式用来进行 PWM 控制时可以实现中心对称的 PWM 输出。

注意

　　自由运行模式的溢出值为 0xFFFF 不可变,而其他两种模式则可以通过对 T1CC0 赋值,精确控制定时器的溢出值。

四、任务实施

1. 任务设计思路

　　选用定时器 1,让其每隔固定时间产生一次服务中断请求,在定时器 1 的服务处理函数中判断时间是否达到 1.5s,如果达 1.5s 则直接在服务处理函数中点亮 LED1,当达到 2s 时再熄灭 LED1。

　　在中断方式下,对定时器 1 进行初始化配置可参照图 4.6 所示步骤。

　　如果采用查询方式实现,则只需要对定时器 1 进行初始化配置的编写。此时只需要对设置定时器 1 的分频系数,选择工作模式即对 T1CTL 寄存器的值进行设置即可。

　　定时器 1 中断处理函数的处理流程如图 4.7 所示。

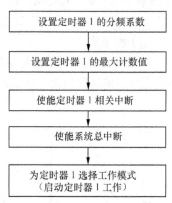

图4.6　定时器1初始化步骤

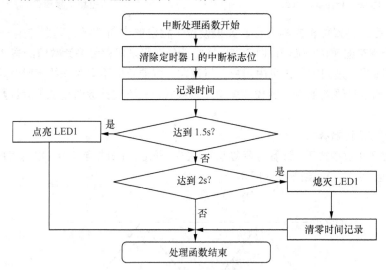

图4.7　定时器1中断处理函数的处理流程

2. 初始化定时器 1

（1）设置定时器 1 的分频系数

　　定时器 1 的计数信号来自 CC2530 内部系统时钟信号的分频,可选择 1、8、32 或 128 分频。CC2530 在上电后,默认使用内部频率为 16MHz 的 RC 振荡器,也可以使用外接的晶体振荡器,一般为 32MHz 频率的晶振。

　　定时器 1 采用 16 位计数器,最大计数值为 0xFFFF,即 65535。当使用 16MHz 的 RC 振荡器时,如果使用最大分频 128 分频,则定时器 1 的最大定时的时长为 524.28ms。

设置定时器 1 的分频系数需要使用 T1CTL 寄存器，通过设置 DIV[1:0]两位的值为定时器选择分频系数，T1CTL 寄存器描述如表 4.1 所示。

表 4.1 T1CTL 寄存器描述

位	位名称	复位值	操作	描述
7:4		0000	R0	未使用
3:2	DIV[1:0]	00	R/W	定时器 1 分频设置。 00：1 分频。 01：8 分频。 10：32 分频。 11：128 分频
1:0	MODE[1:0]	00	R/W	定时器 1 工作模式设置。 00：暂停运行。 01：自由模式运行。 10：模模式。 11：正计数/倒计数模式

在本任务中，为定时器 1 选择 128 分频，设置代码如下。

```
T1CTL  |=0x0C;     //定时器 1 时钟频率 128 分频
```

（2）设置定时器 1 的最大计数值

任务要求定时时间为 2s 和 0.5s，由 CC2530 时钟源的选择和定时器 1 的分频选择可知，定时器 1 最大定时时长为 0.52s。为了便于在程序中进行计算，可设置定时器 1 的定时时长为 0.25s，并计算出最大值如下。

$$最大计数值 = \frac{定时时长}{定时器计数周期} = \frac{0.25}{\frac{1}{16M} \times 128} = 31250 = 0x7A12$$

使用定时器 1 的定时功能时，使用 T1CC0H 和 T1CC0L 两个寄存器存储最大计数值的高 8 位和低 8 位。T1CCxH 和 T1CCxL 共 5 对，分别对应定时器 1 的通道 0~4，这两个寄存器的功能描述如表 4.2 和表 4.3 所示。

表 4.2 T1CCxH 寄存器的描述

位	位名称	复位值	操作	描述
7:0	T1CCx[15:8]	0x00	R/W	定时器 1 通道 0 到通道 4 捕获/比较值的高位字节

表 4.3 T1CCxL 寄存器的描述

位	位名称	复位值	操作	描述
7:0	T1CCx[7:0]	0x00	R/W	定时器 1 通道 0~4 捕获/比较值的低位字节

在程序设计中，应先写低位寄存器，再写高位寄存器。例如，设置定时器 1 计数初值 0xF424 的代码如下。

```
T1CC0L=0x12;     //设置最大计数数值的低 8 位
T1CC0H=0x7A;     //设置最大计数数值的高 8 位
```

（3）使能定时器 1 中断功能

使用定时器时，可以查询方式来查看定时器当前的计数值，也可以使用中断方式。

1）查询方式

使用代码读取定时器 1 当前的计数值，在程序中根据计数值大小确定要执行的操作。通过读取 T1CNTH 和 T1CNTL 两个寄存器来分别获取当前计数值的高位字节和低位字节。这两个寄存器的描述如表 4.4 和表 4.5 所示。

表 4.4　T1CNTH 寄存器的描述

位	位名称	复位值	操作	描述
7:0	CNT[15:8]	0x00	R/W	定时器 1 高位字节。 在读 T1CNTL 时，计数器的高位字节缓冲到该寄存器

表 4.5　T1CNTL 寄存器的描述

位	位名称	复位值	操作	描述
7:0	CNT[7:0]	0x00	R/W	定时器 1 低位字节。 向该寄存器写任何值将导致计数器被清除为 0x0000

当读取 T1CNTL 寄存器时，计数器的高位字节会被缓冲到 T1CNTH 寄存器，以便高位字节可以从 T1CNTH 中读出，因此在程序中应先读取 T1CNTL 寄存器，然后读取 T1CNTH 寄存器。

2）中断方式

定时器 1 有 3 种情况能产生中断请求。

① 计数器达到最终计数值（自由运行模式下达到 0xFFFF，正计数/倒计数模式下达到 0x0000）。

② 输入捕获事件。

③ 输出比较事件（模模式时使用）。

要使用定时器的中断方式，必须使能各个相关中断控制位。CC2530 中定时器 1~4 的中断使能位分别是 IEN1 寄存器中的 T1IE、T2IE、T3IE 和 T4IE。由于 IEN1 寄存器可以进行位寻址，因此使能定时器 1 中断可以采用以下代码。

```
T1IE=1;  //使能定时器 1 中断
```

除此之外，定时器 1、定时器 3 和定时器 4 还分别拥有一个计数溢出中断屏蔽位，分别是 T1OVFIM、T3OVFIM 和 T4OVFIM。当这些位被设置成 1 时，对应定时器的计数溢出中断便被使能，这些位都可以进行位寻址。不过一般用户不需要对其进行设置，因为这些位在 CC2530 上电时的初始值就是 1。如果要手工设置，可以用以下代码实现。

```
T1OVFIM=1;  //使能定时器 1 溢出中断
```

最后要使能系统总中断 EA。

（4）设置定时器 1 的工作模式

由于需要手工设置最大计数值，因此可为定时器 1 选择工作模式为正计数/倒计数模式。此时只需设置 T1CTL 寄存器中的 MODE[1:0]位即可。一旦设置了定时器 1 的工作模式(MODE[1:0]为非零值)，则定时器 1 立刻开始定时计数工作。其设置代码如下。

```
T1CTL|=0x03;  //定时器 1 采用正计数/倒计数模式
```

（5）程序初始化代码

对 LED 灯初始化程序代码具体如下。

```
//初始化程序
**************************/
void InitLed (void)
{
    P1DIR |= 0x03;        //P1_0 定义为输出
    LED1 = 0;             //LED1 灯初始化熄灭
 }
```

对定时器 1 进行初始化的代码如下。

```
//定时器初始化
void InitT1() //系统不配置工作时钟时，默认使用内部 RC 振荡，即 16MHz
{
  T1CTL = 0x0d;              //128 分频，自动重装 0X0000~0XFFFF
  //T1STAT= 0x21;             //通道 0，中断有效
}
```

在程序主函数中，对 LED 控制端口和将定时器 1 进行初始化后的代码如下。

```
/**************************
    * 函数名称：main
    * 功    能：main 函数入口
    * 入口参数：无
    * 出口参数：无
    * 返 回 值：无
**************************/
void main (void)
{
    uchar count;
    InitLed();          //调用初始化函数
    InitT1();
    while(1)
    {
        while(1)       //查询溢出
        {

            if(IRCON>0)
            {
 IRCON=0; //清除溢出标志
            ++count;
            }
 if(count == 3)    //如果溢出次数达到 3，说明经过了 1.5s
    {
        LED1 = 1;        //点亮 LED1
    }
    if(count == 4)    //如果溢出次数达到 4，说明经过了 2s
    {
        LED1 = 0;        //熄灭 LED1
    }
    if(count>4)
    {
```

```
        count=0;
    }
  }
}
```

如果采用中断方式，则定时器 1 的初始化代码如下。

```
void InitT1(void)
{
/*****************定时器 1 初始化部分*****************/
    T1CTL |= 0x0c;          //定时器 1 时钟频率 128 分频
    T1CC0L = 0x12;          //设置最大计数值的低 8 位
    T1CC0H = 0x7A;          //设置最大计数值的高 8 位
    T1IE = 1;               //使能定时器 1 中断
    T1OVFIM = 1;            //使能定时器 1 溢出中断
    EA = 1;                 //使能总中断
    T1CTL |= 0x03;          //定时器 1 采用正计数/倒计数模式
/*************************************************/
}
```

3. 编写定时器 1 的中断处理函数

如果采用查询方式，则定时器 1 服务处理只需清除溢出标志即对 IRCON 赋值零，统计溢出实现即可。如果采用定时器 1 中断方式，则必须编写中断处理函数。

定时器 1 中断处理函数具体如下。

（1）定时器 1 的中断标志

定时器每隔 0.5s 会产生一个中断请求，自动将定时器 1 的中断标志位 T1IF 位和计数溢出标志位 OVFIF 位置位。

T1IF 位于 IRCON 寄存器中，需要手工进行清除。T1STAT 寄存器的描述如表 4.6 所示。

表 4.6　T1STAT 寄存器的描述

位	位名称	复位值	操作	描述
7:6		00	R0	未使用
5	OVFIF	0	R/W0	定时器 1 计数器溢出中断标志
4:0	CHxIF	0	R/W0	定时器 1~4 到通道 0 的中断标志

清除定时器 1 计数器溢出中断标志的代码如下。

```
T1STAT&=~0x20;          //清除定时器 1 溢出中断标志位
```

（2）计算定时时间

定时器 1 的定时周期为 0.5s，无法直接达到 2s 的定时时长，可以使用一个自定义变量来统计定时器 1 计数溢出次数，具体代码如下。

```
unsigned int t1_count=0;    //定时器 1 溢出次数计数
```

由于采用正计数/倒计数模式，定时器 1 每溢出一次表示经过了 0.5s，此时让 t1_count 自动加 1，然后判断 t1_count 的值。如果 t1_count 等于 4，则说明定时已经达到 2s，同时清除 t1_count 的值，以便开始新的统计周期。根据任务要求，可在一轮定时的 1.5s 后点亮 LED1，在定时 2s 后熄灭 LED1。

```
    /*******************************************************
     * 函数名称: T1_INT
```

```
 *  功    能：定时器 1 中断处理函数
 *  入口参数：无
 *  出口参数：无
 *  返 回 值：无
 *****************************************************************/
#pragma vector=T1_VECTOR
__interrupt void T1_INT(void)
{
  T1STAT&=~0x20;              //清除定时器 1 溢出中断标志位
  t1_count++;                 //定时器 1 溢出次数加 1，溢出周期为 0.5s
    if(t1_count ==3)   //如果溢出次数达到 3 说明经过了 1.5s
    {
        LED1=1;             //点亮 LED1
if(t1_count ==4)   //如果溢出次数达到 4 说明经过了 2s
{
LED1=0;          //熄灭 LED1
t1_count=0;        //清零定时器 1 溢出次数


        }
      }
```

五、考核与评价

定时器 1 控制 LED 周期性闪烁项目训练评分标准如表 4.7 所示。

表 4.7　定时器 1 控制 LED 周期性闪烁项目训练评分标准

一级指标	二级指标	分值	扣分点及扣分原因	扣分	得分
训练过程（80%）	计划与准备	10	做好测试前的准备，不进行清点接线、设备、材料等操作扣除 2 分	5	
			带电拔插元器件扣除 1 分	5	
	电路分析	20	CC2530 引脚功能	5	
			LED 灯与 CC2530 引脚的关系	5	
			LED 灯与电平的关系	5	
			定时器 1 定时的设置	5	
	代码设计	30	正确建立工程	5	
			编写流程图	5	
			程序设计，包括引用头文件、设计延时程序、初始化 I/O、中断处理程序、主程序代码设计等	20	
	职业素养	10	编程过程中及结束后，桌面及地面不符合 6S 基本要求的扣 3～5 分	10	
		10	对耗材浪费，不爱惜工具，扣除 3 分；损坏工具、设备扣除本大项的 20 分；选手发生严重违规操作或作弊，取消成绩	10	
训练结果（20%）	实作结果及质量	20	工艺和功能验证	10	
			撰写考核记录报告	10	
总计		100			

六、任务小结

定时器/计数器是单片机内部硬件，与生产厂家无关。定时器 1 是 16 位定时器，有"自由运行""模"和"正计数/倒计数"3 种不同的工作模式；有 5 个捕获/比较通道。定时器 1 实现有中断和查询两种方式。

如果定时器 1 只使用查询方式，可以只定义分频系数（T1CTL）的值并启动定时器工作模式。

如果定时器 1 采用中断方式。T1 中断初始化步骤：设置分频系数（T1CTL）→设置最大计数值（T1CC0L 和 T1CC0H）→使能中断（T1IE 和 T1OVFIM）→使能总中断（EA）→选择工作模式（T1CTL）。中断处理函数：清除定时器 1 中断标志位 T1STAT&= 0x20；T1 定时器定时时间 0.5s，要求时钟频率 128 分频（T1CTL |=0x0c；）、计数初值（T1CC0L= 0x12；T1CC0H = 0x7A；）、使能中断(T1IE = 1;T1OVFIM = 1；)、总中断(EA = 1；)和设置定时器工作模式(T1CTL |= 0x03；)。

> 关于计数初值：T1CC0L = 62500&0xFF；//62500 低 8 位写入 T1CC0L
> T1CC0H=((62500&0xFF)>>8)；//把 62500 高 8 位写入 T1CC0H。注意：T1CC0L 和 T1CC0H 中是"零"，非字母"O"。

自由运行模式可以不设初值，正计数模式、倒计数模式和模模式必须设置初值。模模式中断必须开启定时器 1 的通道 0 并设置 T1CTL 成比较模式；在中断服务函数中要清除通道 0 中断标志，需要使用通道控制寄存器 T1CCTL0，而不是使用溢出中断标记位。通道 1 捕获/比较寄存器值配置，先低位后高位。

七、参考程序

使用定时器 1 查询方式控制 LED1 周期性闪烁。

```
/***************************************/
/*           CC2530 例程             */
/*例程名称：定时器（查询方式）              */
/*建立时间：2017/05/1                   */
/*描述：通过定时器 T1 查询方式控制 LED1 周期性闪烁
****************************************/
#include <ioCC2530.h>
#define uint unsigned int
#define uchar unsigned char
#define LED1 P1_0        //定义 LED1 为 P1_0 口控制
//函数声明
void InitLed(void);       //初始化 P1 口
void InitT1();            //初始化定时器 T1
//初始化程序
/*****************************/
void InitLed(void)
{
    P1DIR |= 0x01;       //P1_0 定义为输出
    LED1 = 0;            //LED1 灯初始化熄灭
}
//定时器初始化
void InitT1() //系统不配置工作时钟时默认使用内部 RC 振荡，即 16MHz
{
  T1CTL = 0x0d;          //128 分频，自动重装 0x0000~0xFFFF
```

```
    //T1STAT= 0x21;              //通道 0，中断有效
}
/*****************************
* 函数名称：main
* 功    能：main 函数入口
* 入口参数：无
* 出口参数：无
* 返 回 值：无
*****************************/
void main(void)
{
    uchar count;
    InitLed();          //调用初始化函数
    InitT1();
    while(1)
    {
        while(1)        //查询溢出
        {

if(IRCON>0)
          {
 IRCON=0;  //清除溢出标志
          ++count;
  }
 if(count == 3)     //如果溢出次数达到3，说明经过了1.5s
   {
      LED1 = 1;          //点亮 LED1
   }
    if(count == 4)     //如果溢出次数达到4，说明经过了2s
    {
      LED1 = 0;          //熄灭 LED1
}
if(count>4)
{
count=0;
      }
    }
     }
}
```

程序中 IRCON 为溢出标志位，当 T1 计时的时候，IRCON=0，不进入中断；当 T1 溢出时，IRCON=1，进入中断。再把 IRCON 置 0，以便下一次溢出时再进入中断。

八、启发与思考

使用定时器 1 以中断方式控制 LED1 周期性闪烁。

```
#include "ioCC2530.h"//引用 CC2530 头文件
#define LED1 P1_0        //LED1 端口宏定义
unsigned char t1_Count=0;  //定时器 1 溢出次数计数
void InitLed(void);    //初始化 P1 口
void InitT1();                      //初始化定时器 T1
void InitLed(void)
```

```c
{
/******************LED1 初始化部分******************/
    P1SEL  &= ~0x01;           //设置 P1_0 口为通用 I/O 口
    P1DIR  |= 0x01;            //设置 P1_0 口为输出口
    LED1 = 0;                  //熄灭 LED1
    /**************************************************/
}
void InitT1(void)
{
/****************定时器 1 初始化部分****************/
    T1CTL  |= 0x0c;            //定时器 1 时钟频率 128 分频
    T1CC0L = 0x12;             //设置最大计数值的低 8 位
    T1CC0H = 0x7A;             //设置最大计数值的高 8 位
    T1IE = 1;                  //使能定时器 1 中断
    T1OVFIM = 1;               //使能定时器 1 溢出中断
    EA = 1;                    //使能总中断
    T1CTL |= 0x03;             //定时器 1 采用正计数/倒计数模式
    /**************************************************/
}
void main(void)
{
    InitLed();
    InitT1();
    while(1);  //程序主循环
}
/**************************************************************
函数名称：T1_INT
功    能：定时器 1 中断处理函数
入口参数：无
出口参数：无
返 回 值：无
**************************************************************/
#pragma  vector = T1_VECTOR
__interrupt void T1_INT(void)
{
    T1STAT &= ~0x20;           //清除定时器 1 溢出中断标志位
    t1_Count++;                //定时器 1 溢出次数加 1，溢出周期为 0.5s
    if(t1_Count == 3)    //如果溢出次数到达 3，说明经过了 1.5s
    {
        LED1 = 1;              //点亮 LED1
    }
    if(t1_Count == 4)    //如果溢出次数到达 4，说明经过了 2 秒
    {
        LED1 = 0;              //熄灭 LED1
        t1_Count = 0;          //清零定时器 1 溢出次数
    }
}
```

任务二　定时器 3 实现 LED 周期性闪烁

一、任务描述

编写程序使用 CC2530 单片机内部定时器/计数器控制 CC2530 板上的 LED 周期性闪烁。具体要求如下。

定时器 3 使用中断实现 LED 周期性闪烁，具体要求如下。

① 通电后 LED1 每隔 1s 闪烁一次。

② LED1 每次闪烁的点亮时间为 0.5s。

二、任务目标

1. 训练目标

① 检验学生掌握 CC2530 单片机定时器/计数器 3 的工作原理。

② 检验学生掌握 CC2530 单片机定时器/计数器 3 的使用方法。

③ 检验学生掌握 CC2530 单片机定时器/计数器 3 的中断应用等技能。

2. 素养目标

① 培养学生在工作现场的 6S 意识和用电安全意识。

② 爱惜工具，注重场地整洁。

③ 具备积极、主动的探索精神。

三、相关知识

定时器 3 和定时器 4 的所有定时器功能都是基于 8 位计数器建立的。计数器在每个时钟边沿递增或递减。活动时钟边沿的周期由寄存器位 CLKCONCMD.TICKSPD[2:0] 定义，由 TxCTL.DIV[2:0]（其中 "x" 指的是定时器号码 3 或 4）设置的分频器值进一步划分。计数器可以作为一个自由运行计数器、倒计数器、模计数器或正计数/倒计数器运行。用户可以通过 SFR 寄存器 TxCNT 读取 8 位计数器的值，其中 x 指的是定时器号码，3 或 4。清除和停止计数器是通过设置 TxCTL 控制寄存器的值实现的。当 TxCTL.START 写入 1 时，计数器开始工作。当 TxCTL.START 写入 0 时，计数器停留在当前值。

1. 定时器/计数器 3

定时器 3 和定时器 4 都是 8 位定时器，可用于 PWM 控制。每个定时器有两个独立的比较通道，每个通道上使用一个 I/O 引脚。主要具有以下功能。

① 支持输入捕获功能，可选择上升沿、下降沿或任何边沿进行输入捕获。

② 支持输出比较功能，输出可选择设置、清除或切换。

③ 具有两个独立的捕获/比较通道，每个通道使用一个 I/O 引脚。

④ 具有自由运行、模、正计数/倒计数四种不同工作模式。

⑤ 具有可被 1、2、4、8、16、32、64 或 128 整除的时钟分频器，为计数器提供计数信号。

⑥ 能在每个捕获/比较和最终计数上产生中断请求。

⑦ 能触发 DMA 功能。

2. 工作模式

CC2530 的定时器 3 和定时器 4 都具备"自由运行""模""正计数/倒计数" 和 "倒计数" 4 种不同的工作模式。

（1）自由运行模式

在自由运行模式下，计数器从 0x00 开始，每个活动时钟边沿递增。当计数器达到 0xFF，计数器载入 0x00，并继续递增。当达到最终计数值 0xFF（如发生了一个溢出），就设置中断标志 TIMIF.TxOVFIF。如果设置了相应的中断屏蔽位 TxCTL.OVFIM，就产生一个中断请求。自由运行模式可以用于产生独立的时间间隔和输出信号频率。

（2）模模式

在模模式下，8 位计数器从 0x00 启动，在每个活动时钟边沿递增。当计数器达到寄存器 TxCC0 所包含的最终计数值时，计数器复位到 0x00，并继续递增。当发生这个事件时，设置标志 TIMIF.TxOVFIF。如果设置了相应的中断屏蔽位 TxCTL.OVFIM，就产生一个中断请求。模模式可以用于周期不是 0xFF 的应用。

（3）正计数/倒计数模式

在正计数/倒计数模式下，计数器反复从 0x00 开始正计数，直到达到 TxCC0 所含的值，然后计数器倒计数，直到达到 0x00。这个定时器模式用于需要对称输出脉冲，且周期不是 0xFF 的应用。因此它允许中心对称的 PWM 输出应用程序的实现。

（4）倒计数模式

在倒计数模式下，定时器启动后，计数器载入 TxCC0 的内容。然后计数器倒计时，直到 0x00 时，设置 TIMIF.TxOVFIF 。 如果设置了相应的中断屏蔽位 TxCTL.OVFIM，就产生一个中断请求。倒计数模式一般用于需要事件超时间隔的应用。

四、任务实施

1. 任务设计思路

选用定时器 3，让其每隔固定时间产生一次中断处理请求，在定时器 3 的中断处理函数中判断时间是否达到 0.5s，如果达 0.5s 则直接在服务处理函数中点亮 LED1，当达到 1s 时再熄灭 LED1。

在中断方式下，对定时器 3 进行初始化配置可参照图 4.8 所示步骤。

如果采用查询方式实现，只需要对定时器 3 进行初始化配置的编写。此时可以只定义分频系数(T3CTL)、自动重装值、选择工作模式。

定时器 3 中断处理函数流程如图 4.9 所示。

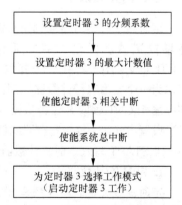

图4.8 定时器3初始化步骤

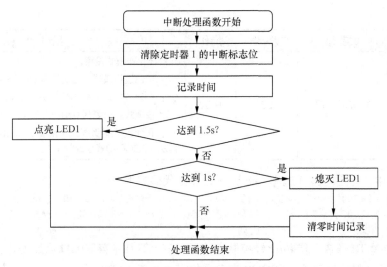

图4.9 定时器3中断处理函数的处理流程

2. 初始化定时器3

（1）设置定时器3的分频系数

定时器3的计数信号来自CC2530内部系统时钟信号的分频，可选择1、2、4、8、16、32、64或128分频。定时器3采用8位计数器，最大计数值为0xFF，即255。系统不配置工作时钟时，默认为2分频，即16MHz的RC振荡器。

设定定时器3的分频系数需要使用T3CTL寄存器，通过设置DIV[7:5]3位的值为定时器选择分频系数。T3CTL寄存器的描述如表4.8所示。

表4.8 T3CTL（T3控制寄存器）寄存器的描述

位	位名称	复位值	操作	描述
7:5	DIV[2:0]	000	R/W	定时器3分频设置。 000：1分频。 001：2分频。 010：4分频。 011：8分频。 100：16分频。 101：32分频。 110：64分频。 111：128分频
4	START	0	R/W	启动定时器设置。 0：定时器暂停运行。 1：定时器正常运行
3	OVFIM	1	R/W	定时器溢出中断设置。 0：中断禁止。 1：中断使能
2	CLR	0	R0/W1	清除计数器，写1到CLR复位计数器到0x00，并初始化相关通道所有的输出引脚

（续表）

位	位名称	复位值	操作	描述
1:0	MODE[1:0]	00	R/W	定时器工作模式设置。 00：自由运行模式（自动重装 0x00~0xFF）。 01：倒计数模式（从 T3CC0~0x00 计数一次）。 10：模模式（反复从 0x00~T3CC0 计数）。 11：正计数/倒计数模式（反复从 0x00~T3CC0 计数，再从 T3CC0~0x00 计数）

在本任务中，为定时器 3 选择 128 分频，设置代码如下。

```
T3CTL |= 0xE0;        //128 分频，128/16000000×N=0.5S，N=62500
T3CTL &= ~0x03;        //自动重装 00—>0xFF  62500/255=245(次)
T3CTL |= 0x10;        //启动
```

T3CCTL0 是 T3 通道 0 捕获/比较控制寄存器，T3CCTL0 寄存器的描述如表 4.9 所示。T3CC0 是 T3 通道捕获/比较值寄存器，T3CC0 寄存器的描述如表 4.10 所示。

表 4.9　T 3CCTL0 寄存器的描述

位	位名称	复位值	操作	描述
7		0	R0	未使用
6		0	R/W	0：中断禁止。 1：中断使能
5:3		000	R/W	比较输出模式选择
2		0	R/W	0：捕获。 1：比较
1:0		00	R/W	00：没有捕获。 01：上升沿捕获。 10：下降沿捕获。 11：边沿捕获

表 4.10　T3CC0 寄存器的描述

位	位名称	复位值	操作	描述
7:0	VAL[7:0]	0x00	R/W	T3 通道 0 捕获/比较值

T3CCTL1 是 T3 通道 1 捕获/比较控制寄存器，其描述如表 4.11 所示。T3CC1 是 T3 通道 1 捕获/比较值寄存器，其描述如表 4.12 所示。

表 4.11　T 3CCTL1 寄存器的描述

位	位名称	复位值	操作	描述
7		0	R0	未使用
6		0	R/W	0：中断禁止。 1：中断使能
5:3		000	R/W	比较输出模式选择
2		0	R/W	0：捕获。 1：比较

（续表）

位	位名称	复位值	操作	描述
1:0		00	R/W	00：没有捕获。 01：上升沿捕获。 10：下降沿捕获。 11：边沿捕获。

表 4.12　T3CC1 寄存器的描述

位	位名称	复位值	操作	描述
7:0	VAL[7:0]	0x00	R/W	T3 通道 1 捕获/比较值

（2）使能定时器 3 的中断功能

使用定时器 3 时，可以查询方式查看定时器当前的计数值，也可以使用中断方式。

1）查询方式

使用代码读取定时器 3 当前的计数值，在程序中根据计数值大小确定要执行的操作。

2）中断方式

定时器 3 有 3 种情况能产生中断请求。

① 计数器达到最终计数值（自由运行模式下达到 0xFF，正计数/倒计数模式下达到 0x00）。

② 输入捕获事件。

③ 输出比较事件（模模式时使用）。

要使用定时器的中断方式，必须使能各个相关中断控制位。CC2530 中定时器 1~4 的中断使能位分别是 IEN1 寄存器中的 T1IE、T2IE、T3IE 和 T4IE。由于 IEN1 寄存器可以进行位寻址，因此使能定时器 3 中断可以采用以下代码。

```
T3IE=1;  //使能定时器 3 中断
```

除此之外，定时器 1、定时器 3 和定时器 4 还分别拥有一个计数溢出中断屏蔽位，分别是 T1OVFIM、T3OVFIM 和 T4OVFIM。当这些位被设置成 1 时，对应定时器的计数溢出中断便被使能，这些位都可以进行位寻址，不过一般用户不需要对其进行设置，因为这些位在 CC2530 上电时的初始值就是 1。如果要手工设置，可以用以下代码实现。

```
T3OVFIM=1;  //使能定时器 3 溢出中断
```

最后要使能系统总中断 EA。

（3）设置定时器 3 的工作模式

如果使用的是定时器 3 或定时器 4，可参照表 4.13 所示设置相关寄存器。

表 4.13　T3CNTH 或 T4CNTH 寄存器的描述

位	位名称	复位值	操作	描述
7:5	DIV[2:0]	000	R/W	定时器时钟分频值。 000:1 分频。 001:2 分频。 010:4 分频。 011:8 分频。 100:16 分频。

（续表）

位	位名称	复位值	操作	描述
7:5	DIV[2:0]	000	R/W	101:32 分频。 110:64 分频。 111:128 分频
4	START	0	R/W	启动定时器。 0：定时器暂停运行。 1：定时器正常运行
3	OVFIM	1	R/W0	计数器溢出中断屏蔽。 0：中断禁止。 1：中断使能
2	CLR	0	R0/W1	清除计数器，写 1 到 CLR 复位计数器到 0x00，并开始初始化相关通道所有的输出引脚
1:0	MODE[1:0]	00	R/W	定时器工作模式选择。 00：自由运行模式。 01：倒计数模式。 10：模模式。 11：正计数/倒计数模式

（4）程序初始化代码

在程序主函数中，对 LED 控制端口和定时器 3 进行初始化后的代码如下。

```
/*************************************************************
* 程序入口函数
*************************************************************/
void main(void)
{
    InitLed();              //设置 LED 灯相应的 I/O 口
    InitT3();               //设置 T3 相应的寄存器


    while(1)
    {
      if (IRCON>0)
        {
            IRCON=0;  //清除溢出标志
            ++count;
    }

    if (count > 245)       //245 次中断后 LED 取反，闪烁一轮（约为 0.5s）
    {                       //经过示波器测量确保精确
        count = 0;          //计数清零
        LED1 = ~LED1;        //改变 LED1 的状态
        }
    };
}
```

3. 编写定时器 3 的初始化程序

```
/*************************************************************
```

```
* 名    称：InitT3()
* 功    能：定时器初始化，系统不配置工作时钟时默认是 2 分频，即 16MHz
* 入口参数：无
* 出口参数：无
***********************************************************************/
void InitT3()
{

    T3CTL  |= 0xE0;          //128 分频, 128/16000000×N=0.5S, N=62500
    T3CTL  &= ~0x03;         //自动重装 00→0xff  62500/255=245(次)
    T3CTL  |= 0x10;          //启动

}
```

五、考核与评价

利用 T3 实现 LED 周期性闪烁项目训练评分标准如表 4.14 所示。

表 4.14   利用 T3 实现 LED 周期性闪烁项目训练评分标准

一级指标	二级指标	分值	扣分点及扣分原因	扣分	得分
训练过程（80%）	计划与准备	10	做好测试前的准备，不进行清点接线、设备、材料等操作扣除 2 分	5	
			带电拔插元器件扣除 1 分	5	
	电路分析	20	CC2530 引脚功能	5	
			LED 灯与 CC2530 引脚的关系	5	
			LED 灯与电平的关系	5	
			定时器 3 的设置	5	
	代码设计	30	正确建立工程	5	
			编写流程图	5	
			程序设计，包括引用头文件、设计延时程序、初始化 I/O、中断处理程序、主程序代码设计等	20	
	职业素养	10	编程过程中及结束后，桌面及地面不符合 6S 基本要求的扣除 3~5 分	10	
		10	对耗材浪费，不爱惜工具，扣除 3 分；损坏工具、设备扣除本大项的 20 分；选手发生严重违规操作或作弊，取消成绩	10	
训练结果（20%）	实作结果及质量	20	工艺和功能验证	10	
			撰写考核记录报告	10	
总计		100			

六、任务小结

定时器 3 和定时器 4 是 8 位定时器，有"自由运行""倒计数""模"和"正计数/倒计数"4 种不同的工作模式，各有两个捕获/比较通道。定时器 3 实现有中断和查询两种方式。

如果定时器 3 只使用查询方式，可以只定义分频系数 T3CTL、自动重装值、选择工作模式。

如果定时器 3 采用中断方式。T3 中断初始化步骤为：分频系数 T3CTL→数值（T3CTL）→使能中断（T3IE 和 T3CTL）→使能总中断（EA）→选择工作模式（T3CTL）。中断处理函数：清除定时器 3 中断标志 IRCON = 0x00。

七、参考程序

使用定时器 3 查询方式控制 LED1 周期性闪烁。

```c
#include <ioCC2530.h>

#define uchar unsigned char

#define LED1 P1_0        // P1_0 口控制 LED1

uchar count = 0;              //用于定时器计数


/*****************************************************************
* 名    称：InitLed()
* 功    能：设置 LED 灯相应的 I/O 口
* 入口参数：无
* 出口参数：无
*****************************************************************/
void InitLed (void)
{
    P1DIR |= 0x01;           //P1_0 定义为输出
    LED1 = 0 ;               //使 LED1 上电默认为熄灭
}


/*****************************************************************
* 名    称：InitT3()
* 功    能：定时器初始化，系统不配置工作时钟时默认是 2 分频，即 16MHz
* 入口参数：无
* 出口参数：无
*****************************************************************/
void InitT3()
{

  T3CTL |= 0xE0;            //128 分频, 128/16000000×N=0.5s, N=62500
    T3CTL &= ~0x03;            //自动重装 00-->0xff  62500/255=245（次）
    T3CTL |= 0x10;           //启动

}


/*****************************************************************
* 程序入口函数
*****************************************************************/
void main (void)
{
```

```
    InitLed();           //设置 LED 相应的 I/O 口
    InitT3();              //设置 T3 相应的寄存器


    while (1)
    {
      if (IRCON>0)
        {
            IRCON=0;  //清除溢出标志
            ++count;
    }

      if (count > 245)       //245 次中断后 LED 取反，闪烁一轮（约为 0.5s）
        {                        //经过示波器测量确保精确
        count = 0;             //计数清零
        LED1 = ~LED1;          //改变 LED1 的状态
        }
    };
}
```

八、启发与思考

定时器 T3 以中断方式实现定时器/计数器来控制 CC2530 板上的 LED1 周期性的闪烁。

```
#include <ioCC2530.h>

#define uchar unsigned char

#define LED1 P1_0        // P1_0 口控制 LED1

uchar count = 0;              //用于定时器计数

/*****************************************************************
* 名    称：InitLed()
* 功    能：设置 LED 灯相应的 IO 口
* 入口参数：无
* 出口参数：无
*****************************************************************/
void InitLed (void)
{
    P1DIR |= 0x01;        //P1_0 定义为输出
    LED1 = 0;            //使 LED1 上电默认为熄灭
}


/*****************************************************************
* 名    称：InitT3()
* 功    能：定时器初始化，系统不配置工作时钟时默认是 2 分频，即 16MHz
* 入口参数：无
* 出口参数：无
*****************************************************************/
void InitT3()
```

```
{
    T3CTL |= 0x08;              //使能溢出中断
    T3IE = 1;                   //开总中断和 T3 中断
    T3CTL |= 0xE0;              //128 分频, 128/16000000×N=0.5s, N=62500
    T3CTL &= ~0x03;             //自动重装 00->0xff  62500/255=245（次）
    T3CTL |= 0x10;              //启动
    EA = 1;                     //使能总中断
}

//定时器 T3 中断处理函数
#pragma vector = T3_VECTOR
__interrupt void T3_ISR(void)
{
    IRCON = 0x00;               //清除中断标志, 也可由硬件自动完成
    if (count++ > 245)          //245 次中断后 LED 取反, 闪烁一轮（约为 0.5s）
    {                           //经过示波器测量确保精确
        count = 0;              //计数清零
        LED1 =~LED1;            //改变 LED1 的状态
    }
}
/*******************************************************************
* 程序入口函数
*******************************************************************/
void main (void)
{
    InitLed();                 //设置 LED 灯相应的 I/O 口
    InitT3();                  //设置 T3 相应的寄存器

    while(1)
    {};
}
```

CC2530

5 Chapter

单元五
串口通信应用

📖 **本单元目标**

知识目标：

- 了解串口通信的工作原理。
- 理解串口通信的配置和应用。
- 掌握串口发送数据的编程。
- 掌握串口接收数据的编程。

技能目标：

- 根据实际应用实现串口发送或接收数据。
- 利用接收到的数据实现 LED 的控制。

实现串口发送字符串到 PC

一、任务描述

编写程序实现实验板定期向 PC 串口发送字符串"DTMobile\n"。实验板开机后按照设定的时间间隔，不断向 PC 发送字符串，报告自己的状态，每发送一次字符串消息，LED1 闪亮一次，具体工作方式如下。

① 通电后 LED1 熄灭。

② 设置 USART 0 使用位置。

③ 设置 UART 工作方式和波特率。

④ LED1 点亮。

⑤ 发送字符串"DTMobile\n"。

⑥ LED1 闪烁一次。

⑦ 延时。

⑧ 返回步骤④循环执行。

二、任务目标

1. 训练目标

① 检验 CC2530 单片机串口硬件电路图的识读技能。

② 检验学生掌握 CC2530 单片机串口使用的技能。

③ 检验学生掌握 CC2530 单片机发送字符串到 PC 的技能。

2. 素养目标

① 培养学生在工作现场的 6S 意识和用电安全意识。

② 爱惜工具，注重场地整洁。

③ 具备积极、主动的探索精神。

三、相关知识

串口通信主要分为通用异步收发传输器（Universal Asynchronous Receiver and Transmitter, UART）和串行外设接口（Serial Peripheral Interface, SPI）。

串口包括一个 RX（Receive Data, RX）和一个 TX（Transmit Data, TX）两线。其中 RX 表示接收数据，TX 表示发送数据。RT（Request To Send, RT）表示请求发送，CT（Clear To Send, CT）表示清除发送。SPI 是 4 线串口，分别是 CS（片选）、CLK（时钟）、MISO（数据输入）和 MOSI（数据输出）。

串口一般是一对一接收，SPI 可以挂载多个 SPI 设备，通过 CS 选通设备。

1. 串口通信

数据通信时，根据 CPU 与外设之间的连线结构和数据传送方式的不同，可以将通信方式分为两种：并行通信和串行通信。

串行通信又分为同步和异步两种。

（1）串行同步通信

同步通信中，所有设备使用同一个时钟，以数据块为单位传送数据，每个数据块包括同步字符、数据字符和校验字符。同步字符位于数据块的开头，用于确认数据字符的开始；接收时，接收设备连续不断地对传输线采样，并把接收到的字符与双方约定的同步字符进行比较，只有比较成功后，才会把后面接收到的字符加以存储。

同步通信的优点是数据传输速率高，缺点是要求发送时钟和接收时钟保持严格同步。在数据传送开始时先用同步字符来指示，同时传送时钟信号实现发送端和接收端同步，即检测到规定的同步字符后，就连续按顺序传送数据。这种传送方式对硬件结构要求较高。

（2）串行异步通信

异步通信中，每个设备都有自己的时钟信号，通信双方的时钟频率保持一致。异步通信以字符为单位进行数据传送，每一个字符均按照固定的格式传送，被称为帧，即串行异步通信一次传送一个帧。

每一帧数据由起始位（低电平）、数据位、奇偶校验位（可选）、停止位（高电平）组成。帧的格式如图 5.1 所示。

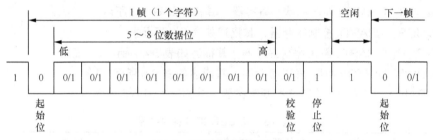

图5.1　异步通信数据帧格式

① 起始位：发送端通过发送起始位而开始一帧数据的传送。起始位使数据线处于逻辑 0，用来表示一帧数据的开始。

② 数据位：起始位之后就开始传送数据位。在数据位中，低位在前，高位在后。数据的位数可以是 5、6、7 或 8。

③ 奇偶校验位：是可选项，双方根据约定用来对传送数据的正确性进行检查。可选用奇校验、偶校验和无校验位。

④ 空闲位：在一帧数据的停止位之后，线路处于空闲状态，可以是很多位，线路上对应的逻辑值是 1，表示一帧数据结束，下一帧数据还没有到来。

2. UART 模式

UART 模式提供全双工异步传送，接收器中的位同步不影响发送功能。一个 UART 字节包括 1 个起始位、8 个数据位、1 个作为可选项的第 9 位数据或奇偶校验位，再加上 1 个（或 2 个）停止位。注意：虽然真实的数据包括 8 位或 9 位，但是，数据传送只涉及一个字节。

UART 操作由 USART 控制和状态寄存器 UxCSR 以及 USART 控制寄存器 UxUCR 来控制，这里的 "x" 是 USART 的编号，其数值为 0 或 1。

当 UxCSR.MODE 设置为 1 时，就选择了 UART 模式。

3. CC2530 的 UART 通信模块

CC2530 有两个串行通信接口 USART0 和 USART1，它们能够分别运行于异步 UART 模式或同步 SPI 模式。两个 USART 具有同样的功能，可以设置在单独的 I/O 引脚，如表 5.1 所示。

表 5.1　USART 的 I/O 引脚映射

外设/功能	P0								P1							
USART 0 UART	7	6	5	4	3	2	1	0	7	6	5	4	3	2	1	0
Alt.2			RT	CT	TX	RX										
USART 1 UART									RX	TX	RT	CT				
Alt.2			RX	TX	RT	CT			RT	CT	TX	RX				

根据映射表可知，在 UART 模式中，使用双线连接方式，UART0 对应的 I/O 引脚关系：P0_2——RX、P0_3——TX。UART 1 对应的外部设置 I/O 引脚关系为：P0_5——RX、P0_4——X。

4. CC2530 串口 UART 通信的相关寄存器

对于 CC2530 的每个 USART 串口通信，有如下的寄存器（"x"是 USART 的编号，为 0 或 1）。

① UxCSR：USARTx 控制和状态寄存器，其描述如表 5.2 所示。

② UxUCR：USARTx 控制寄存器，其描述如表 5.3 所示。

③ UxGCR：USARTx 通用控制寄存器，其描述如表 5.4 所示。

④ UxBUF：USARTx 接收/发送寄存器，其描述如表 5.5 所示。

⑤ UxBAUD：USARTx 波特率控制寄存器，其描述如表 5.6 所示。

表 5.2　UxCSR 寄存器的描述

位	名称	复位值	操作	描述
7	MODE	0	R/W	USART 模式选择。 0：SPI 模式。 1：UART 模式
6	REN	0	R/W	UART 接收器使能，注意在 UART 完全配置之前不使能接收。 0：禁用接收器。 1：接收器使能
5	SLAVE	0	R/W	SPI 主或从模式选择。 0：SPI 主模式。 1：SPI 从模式
4	FE	0	R/W0	UART 数据帧错误状态。 0：无数据帧错误。 1：字节收到不正确的停止位
3	ERR	0	R/W0	UART 奇偶错误状态。 0：无奇偶错误检测。 1：字节收到奇偶错误检测
2	RX_BYTE	0	R/W0	接收字节状态：UART 模式和 SPI 从模式。当读 U0BUF 时，该位自动清零，通过写 0 清除它，这样可有效丢弃 U0BUF 中的数据。 0：没有收到字节。 1：准备好接收字节

（续表）

位	名称	复位值	操作	描述
1	TX_BYTE	0	R/W0	传送字节状态：UART 模式和 SPI 模式。 0：字节没有被传送 1：写到数据缓存寄存器的最后字节被传送
0	ACTIVE	0	R/W0	USART 传送/接收主动状态，在 SPI 从模式下，该位等于从模式选择。 0：USART 空闲。 1：在传送或接收模式 USART 忙碌

表 5.3　UxUCR 寄存器的描述

位	名称	复位值	操作	描述
7	FLUSH	0	R0/W1	清除单元。当设置时，该事件将会立即停止当前操作并且返回单元的空闲状态
6	FLOW	0	R/W	UART 硬件流使能。用 RTS 和 CTS 引脚选择硬件流控制的使用。 0：流控制禁止。 1：流控制使能
5	D9	0	R/W	USART 奇偶校验位。当使能奇偶校验，写入 D9 的值决定发送的第 9 位的值，如果收到的第 9 位不匹配收到字节的奇偶校验，接收时报告 ERR。如果奇偶校验使能，可以设置以下奇偶校验类型。 0：奇校验。 1：偶校验
4	BIT9	0	R/W	USART 9 位数据使能。当该位是 1 时，使能奇偶数据位传输（即第 9 位）。如果通过 PARITY 使能奇偶校验，第 9 位的内容是通过 D9 给出的。 0：8 位传送。 1：9 位传送
3	PARITY	0	R/W	USART 奇偶校验使能。 0：禁用奇偶校验。 1：奇偶校验使能
2	SPB	0	R/W0	USART 停止位的倍数。选择要传送的停止位的位数。 0：1 位停止位。 1：2 位停止位
1	STOP	0	R/W0	USART 停止位的电平必须不同于开始位的电平。 0：停止位低电平。 1：停止位高电平
0	START	0	R/W0	USART 起始位电平。闲置线的极性采用选择的起始位级别电平的相反电平。 0：起始位低电平。 1：起始位高电平

表 5.4　UxGCR 寄存器的描述

位	名称	复位值	操作	描述
7	CPOL	0	R0/W1	SPI 的时钟极性。 0：负时钟极性。 1：正时钟极性
6	CPHA	0	R/W	SPI 时钟相位。 0：当 SCK 从 0 到 1 时数据输出到 MOSI，并且当 SCK 从 1 到 0 时 MISO 数据输入。 1：当 SCK 从 1 到 0 时数据输出到 MOSI，并且当 SCK 从 0 到 1 时 MISO 数据输入
5	ORDER	0	R/W	传送位顺序。 0：LSB 先传送。 1：MSB 先传送
4:0	BAUD_E[4:0]	00000	R/W	波特率指数值。BAUD_E 和 BAUD_M 决定了 UART 波特率和 SPI 的主 SCK 时钟频率

表 5.5　UxBUF 寄存器的描述

位	名称	复位值	操作	描述
7:0	DATA[7:0]	0x00	R/W	UART 接收和传送数据。 写入该寄存器的时候数据被写到内部传送数据寄存器。 读取该寄存器的时候，来自内部读取的数据寄存器

表 5.6　UxBAUD 寄存器的描述

位	名称	复位值	操作	描述
7:0	DATA[7:0]	0x00	R/W	波特率小数部分的值。BAUD_E 和 BAUD_M 决定了 UART 波特率和 SPI 的主 SCK 时钟频率

5. CC2530 串口通信的波特率

当运行在 UART 模式时，内部波特率发生器设置由 UxBAUD.BAUD_M[7:0]和 UxGCR. BAUD_E[4:0]来定义波特率，采用 32MHz 系统时钟时，常用的波特率设置如表 5.7 所示。

表 5.7　32MHz 系统时钟常用的波特率设置

波特率（bit/s）	UxBAUD.BAUD_M	UxGCR.BAUD_E	误差（%）
2 400	59	6	0.14
4 800	59	7	0.14
9 600	59	8	0.14
14 400	216	8	0.03
19 200	59	9	0.14
28 800	216	9	0.03
38 400	59	10	0.14
57 600	216	10	0.03

（续表）

波特率（bit/s）	UxBAUD.BAUD_M	UxGCR.BAUD_E	误差（%）
76 800	59	11	0.14
115 200	216	11	0.03
230 400	216	12	0.03

6. CC2530 串口通信的时钟设置

CC2530 的时钟主要通过时钟控制命令寄存器 CLKCONCMD 来设置，如表 5.8 所示。

表 5.8 时钟控制命令寄存器 CLKCONCMD（0xC6）的描述

位	位名称	复位值	操作	描述
7	OSC 32K	1	R/W	32kHz 时钟振荡器选择。 CLKCONSTA.OSC32K 反映当前的设置。当要改变该位时，必须选择 16MHz RCOSC 作为系统时钟。 0：32MHz XOSC。 1：32kHz RCOSC
6	OSC	1	R/W	系统时钟源选择。设置该位只能发起一个时钟源改变。 CLKCONSTA.OSC 反映当前的设置。 0：32MHz XOSC。 1：16MHz RCOSC
5:3	TICKSPD[2:0]	001	R/W	定时器标记输出设置。不能高于通过 OSC 位设置的时钟设置。 000：32MHz。 001：16MHz。 010：8MHz。 011：4MHz。 100：2MHz。 101：1MHz。 110：500kHz。 111：250kHz。 注意：CLKCONCMD.TICKSPD 可以设置为任意值，但是结果受 CLKCONCMD.OSC 的限制
2:0	CLKSPD	001	R/W	时钟速度。不能高于通过 OSC 位设置的系统时钟设置。表示当前的系统时钟频率。 000：32MHz。 001：16MHz。 010：8MHz。 011：4MHz。 100：2MHz。 101：1MHz。 110：500kHz。 111：250kHz。 注意：CLKCONCMD.CLKSPD 可以设置为任意值，但是结果受 CLKCONCMD.OSC 的限制

如果时钟速率设置为 32MHz，其代码具体如下。

```
CLKCONCMD &= 0x80;//时钟速率为32MHz
```

四、任务实施

1. 电路分析

要使用 CC2530 单片机和 PC 进行串行通信，需要了解常用的串行通信接口。常用的串行通信接口标准有 RS232C、RS422A 和 RS485 等。由于 CC2530 单片机的输入/输出电平是 TTL 电平，PC 配置的串行通信接口配置是 RS232 标准接口，两者的电气规范不一致，要完成两者之间的通信，需要在两者之间进行电平转换。CC2530 单片机和 PC 进行串行通信的方案如图 5.2 所示。

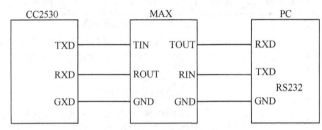

图5.2　CC2530与PC通信电平转换方案

实验板上 CC2530 的串口通信连接 PC 的电路如图 5.3 所示。

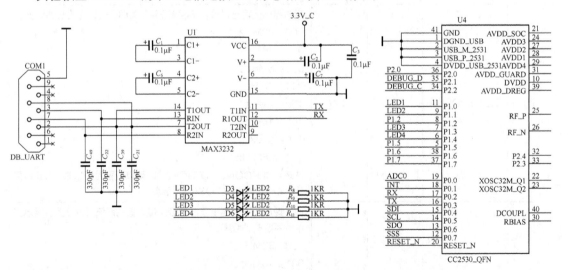

图5.3　CC2530的串行通信接口电路图

串口通信电路连接采用三线制，将单片机和 PC 的串口用 RXD、TXD、GND 三条线连接起来。PC 的 RXD 线连接到单片机的 TXD，PC 的 TXD 线连接到单片机的 RXD，共地线。串口通信的其他握手信号均不使用。PC 端的 RS232C 规定逻辑 0 的电平为+5～+15V，逻辑 1 的电平为–15～–5V。由于单片机的 TTL 逻辑电平和 RS232C 的电气特性完全不同，因此必须经过 MAX232 芯片进行电平转换。

2. 代码设计

（1）建立工程

在项目中添加名为"uart1.c"的代码文件。

（2）编写代码

根据任务要求，可将串口发送数据到 PC 的项目用流程图表示，如图 5.4 所示。

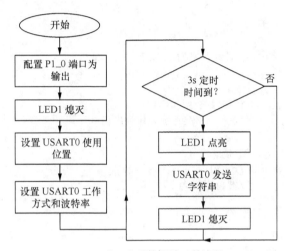

图5.4 串口发送数据到PC的流程

1）引用 CC2530 头文件

在 uart1.c 文件中引用"ioCC2530.h"头文件，具体代码如下。

```
#include "ioCC2530.h" //引用 CC2530 头文件
```

该文件是为 CC2530 编程所需的头文件，它包含了 CC2530 中各个特殊功能寄存器的定义。引用该头文件后，我们在程序代码中可以使用特殊功能寄存器的名称、中断向量等，如 P1、P1DIR、U0CSR、U0BUF、T1_VECTOR 等。

2）设计串口初始化函数

串口通信使用前，要先进行初始化操作。串口初始化有 3 个步骤：配置 IO 使用外部设备功能，本任务配置 P0_2 和 P0_3 用作串口 UART0；配置相应串口的控制和状态寄存器，本任务配置 UART0 的工作寄存器；配置串口工作的波特率，此处配置为波特率为 57600 波特。片内外设引脚位置采用上电复位默认值，即 PERCFG 寄存器采用默认值。USART0 使用位置 1，P0_2、P0_3、P0_4、P0_5 作为片内外设 I/O，用作 UART 模式。代码如下。

```
PERCFG = 0x00;
P0SEL = 0x3c;
U0CSR |= 0x80;
```

设置 UART 的工作方式和波特率。UART0 配置参数采用上电复位默认值，具体如下。

① 硬件流控：无；

② 奇偶校验位（第 9 位）：奇校验；

③ 第 9 位数据使能：否；

④ 奇偶校验使能：否；

⑤ 停止位：1 个；

⑥ 停止位电平：高电平；

⑦ 起始位电平：低电平。

当使用 32MHz 晶体振荡器作为系统时钟时，获得 57 600 波特需要如下设置：UxBAUD. BAUD_M=216；UxGCR.BAUD_E=10；该设置误差为 0.03%。

初始化函数完整代码如下。

```
//串口初始化函数
void UARTInit(void)
{
  CLKCONCMD &= 0x80;//时钟速率为 32MHz

  PERCFG=0x00;
  P0SEL = 0x3c;          //P0 用作串口
  P2DIR&= ~0XC0;               //P0 优先作为串口 0

  U0CSR |= 0x80;//UART 模式
  U0GCR |= 10;         //baud_e
  U0BAUD |= 216;       //波特率设为 57 600
UTX0IF = 0;
EA = 1;
}
```

3）设计串口发送字符串函数

```
//发送字符串函数
void UartTX_Send_String(char *Data, int len)
{
  int i;
  for(i=0; i<len; i++)
  {
    U0DBUF=*Data++;
    while(UTX0IF==0);
    UTX0IF=0;
  }
}
```

在通过串口 UART0 发送字符串的函数中，循环逐个发送字符，通过判断是否遇到字符串长度结束标记控制循环。

4）注意事项

使用串口调试软件时应注意如下几点。

① 根据 PC 串口连接情况，选择正确的串口号。如果使用 USB 转串口线连接，则需要安装好驱动程序，并通过 PC 的设备管理器查找出正确的串口号。

② 选择正确的串口参数。波特率为 57 600 波特，无奇偶校验，一位停止位。

③ 接收模式选择文本模式。

五、考核与评价

实现串口发送字符串到 PC 项目训练评分标准如表 5.9 所示。

表 5.9　实现串口发送数据到 PC 项目训练评分标准

一级指标	二级指标	分值	扣分点及扣分原因	扣分	得分
训练过程（<u>80%</u>）	计划与准备	10	做好测试前的准备，不进行清点接线、设备、材料等操作扣除 2 分	5	
			带电拔插元器件扣除 1 分	5	
	电路分析	20	CC2530 引脚功能	5	
			LED 灯与 CC2530 引脚的关系	5	
			LED 灯与电平的关系	5	
			系统时钟、波特率的设置	5	
	代码设计	30	正确建立工程	5	
			编写流程图	5	
			程序设计，包括引用头文件、设计延时程序、初始化 I/O、字符发送程序、主程序代码设计等	20	
	职业素养	10	编程过程中及结束后，桌面及地面不符合 6S 基本要求的扣除 3~5 分	10	
		10	对耗材浪费，不爱惜工具，扣除 3 分；损坏工具、设备扣除本大项的 20 分；选手发生严重违规操作或作弊，取消成绩	10	
训练结果（<u>20%</u>）	实作结果及质量	20	工艺和功能验证，串口发送字符串正确	10	
			撰写考核记录报告	10	
总计		100			

六、任务小结

每个串口包括 UART（异步）模式和 SPI（同步模式），模式的选择由串口控制/状态寄存器的 UxCSR.MODE 决定。当 Ux CSR.MODE 设置为 1 时，就选择了 UART 模式。

1. 系统时钟设置

CC2530 可配置 32MHz 晶体振荡器或者 16MHz RC 振荡器作为系统时钟，系统启动时默认 16 MHz RC 振荡器。设置系统时钟需要操作两个寄存器 CLKCONCMD（时钟控制寄存器）和 SLEEPCMD（睡眠模式控制寄存器）。

系统时钟源配置主要有 32MHz 晶体振荡器和 16MHz RC 振荡器两种。

① 设置成 32MHz 晶体振荡器，代码如下。

```
CLKCONCMD &= 0x80;
```

② 设置成 16MHz RC 振荡器，代码如下。

```
CLKCONCMD &= 0x80;
CLKCONCMD |= 0x49;
```

 注 意

CLKCONCMD.OSC32K 默认为 1，并要保持不变，若改变，则 16MHz 的 RC 振荡器必须被选择为系统时钟。

2. 串口硬件设计

串口硬件设计有位置 1 和位置 2 两种，不同的生产厂家主要修改 PERCFG 和 PxSEL 的值。实现串口发送字符串只有查询方式一种方法。

串口发送字符串到 PC 查询方式实现串口初始化步骤为：设置系统时钟（CLKCONCMD &= 0x80;）→串口位置（PERCFG）→串口 TX/RX 引脚（PxSEL）→模式选择（U0CSRI=0x80; //UART 模式）→波特率（U0BAUD=216 和 U0GCR l= 10）→清除 TX 中断标志（UTX0IF = 0;）。

如果采用 T1 中断方式，串口初始化步骤为：设置系统时钟（CLKCONCMD &= 0x80;）→串口位置（PERCFG）→串口 TX/RX 引脚（PxSEL）→模式选择（U0CSRI=0x80; //UART 模式）→波特率（U0BAUD=216 和 U0GCR l= 10）→清除 TX 中断标志（UTX0IF = 0;）→全局中断打开（EA= 1）。中断处理函数步骤为：先禁止全局中断（EA = 0;）→清除通道 0 中断标志（T1STAT &= ~0x01;）→使能全局中断（EA = 1;）。

实现串口发送字符串到 PC，串口初始化时需要将 UTX0IF 定义为零（UTX0IF = 0）。

不同的生产厂家主要设置 PERCFG 和 PxSEL 的值。其中 PERCFG=0X00 表示串口 0 位置 1 编程实现功能。北京新大陆时代教育科技有限公司、成都无线龙通信科技有限公司、广州粤嵌通信科技有限公司采用串口 0 位置 1(0x00);大唐移动通信设备有限公司采用串口 0 位置 2(0x01)。PxSEL 根据串口 RX/TX 的引脚决定其值。例如：P0_2 用作串口的 RX，P0_3 用作串口的 TX，P0SEL=0x0c。

实现串口发送字符串，在串口初始化中要清除 TX 中断标志（UTX0IF = 0;）。

 注意

串口初始化时必须定义时钟设备的频率 CLKCONCMD &= 0x80; //时钟设备为 32MHz。

```
while(UTX0IF == 0); //这行代码必须有分号。
while(UTX0IF == 0);
UTX0IF = 0;
```

这是表示一直等待 UTX0IF 变为 1，不变为 1 一直等待；变后跳出 While 循环，执行 UTX0IF = 0。

```
while(UTX0IF == 0)
UTX0IF = 0;
```

这是表示 UTX0IF 为 0 就执行 UTX0IF = 0，如果 UTX0IF 为 1，就跳出 While 循环。从 UTX0IF = 0 这句话后面开始执行。

七、参考程序

以查询方式实现串口发送字符串到 PC。

```
#include "ioCC2530.h"
#include "string.h"
#define LED1 P1_0
#define uint unsigned int
#define uchar unsigned char
//函数声明
void delay(uint);
```

```
void UARTInit(void);
void UartTX_Send_String(char *Data,int len);
char Txdata[30]= "\nDTMobile\n";//也可以 char Txdata[30]; strcpy(Txdata,"
\nDTMobile\n ");//将发送内容copy到Txdata;
//延时函数
void delay(uint time)
{
  uint i;
  uchar j;
  for(i=0; i<time;i++)
    for(j=0; j<240; j++)
    {
      asm("NOP");
      asm("NOP");
    }
}
//串口初始化函数
void UARTInit(void)
{
  CLKCONCMD &= 0x80; //时钟设备为32MHz

  PERCFG=0x00;
  P0SEL = 0x3c;          //P0用作串口
  P2DIR&= ~0XC0;                //P0优先作为串口0

  U0CSR |= 0x80;//UART模式
  U0GCR |= 10;         //baud_e
  U0BAUD |= 216;       //波特率设为57600波特
UTX0IF = 0;
EA = 1;
}
//发送字符串函数
void UartTX_Send_String(char *Data,int len)
{
  int i;
  for(i=0; i<len; i++)
  {
    U0DBUF=*Data++;
    while(UTX0IF==0);
    UTX0IF=0;
  }
}
//主函数
void main(void)
{
  P1DIR|=0X1B;
  LED1=LED2=LED3=LED4=0;
  UARTInit();
  while(1)
```

```
  {
    UartTX_Send_String(Txdata, strlen(Txdata));
    delay(3000);
    LED1=!LED1;
  }
}
```

打开串口调试软件，选择相应的串口，可通过 PC 的设备管理器查看串口，设置波特率为 57 600 波特，校验位 None，数据位为 8，停止位为 1。运行结果如图 5.5 所示。

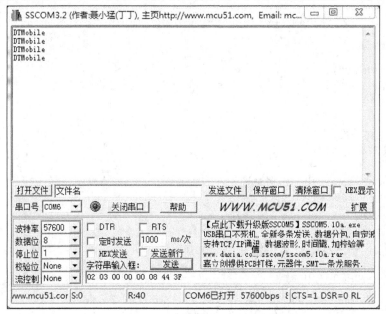

图5.5 实现串口发送字符串到PC运行结果示意

八、启发与思考

以定时器 T1 中断方式实现串口发送字符串到 PC。

```
/*  文件名称：uart1.c
*  功     能：CC2530 系统实验——单片机串口发送数据到 PC
*  描     述：实现从 CC2530 上通过串口每 3s 发送字串"DTMobile\n  ",在 PC 端通过串口调试
软件来接收数据。使用 CC2530 的串口 UART0,波特率为 57 600 波特,其他参数为上电复位默认值。
#include "ioCC2530.h"  //定义 LED 灯端口
#define LED1 P1_0          // P1_0 定义为 LED1

#define uint unsigned int
uint counter=0;            //统计定时器溢出次数

void UartTX_Send_String(char *Data,int len);

char Txdata[30]="\nDTMobile\n";

void initUART0(void)
{
  PERCFG = 0x00;
```

```
   POSEL = 0x3c;
   U0CSR |= 0x80;
   U0BAUD = 216;
   U0GCR = 10;
   U0UCR |= 0x80;
   UTX0IF = 0;  //清零 UART0 TX 中断标志
   EA = 1;   //使能全局中断
}

/*************************************************************
* 函数名称：inittTimer1
* 功    能：初始化定时器 T1 控制状态寄存器
*************************************************************/
void inittTimer1()
{
   CLKCONCMD &= 0x80;   //时钟速度设置为 32MHz
   T1CTL = 0x0E;  // 配置 128 分频，模比较计数工作模式，并开始启动
   T1CCTL0 |= 0x04;          //设定 T1 通道 0 比较模式
   T1CC0L =50000 & 0xFF;    //把 50 000 的低 8 位写入 T1CC0L
   T1CC0H = ((50000 & 0xFF00) >> 8); //把 50 000 的高 8 位写入 T1CC0H

   T1IF=0;               //清除 T1 中断标志
   T1STAT &= ~0x01;   //清除通道 0 中断标志

   TIMIF &= ~0x40;   //不产生定时器 1 的溢出中断
   //定时器 1 通道 0 的中断使能 T1CCTL0.IM 默认使能
   IEN1 |= 0x02;      //使能定时器 1 中断
   EA = 1;            //使能全局中断
}

/*************************************************************
*函数功能：串口发送字符串函数
*入口参数：data：数据
*          len：数据长度
*返 回 值：无
*说    明：
*************************************************************/
void UartTX_Send_String(char *Data,int len)
{
   int j;
   for(j=0; j<len;j++)
   {
     U0DBUF = *Data++;
     while(UTX0IF == 0); //等待 TX 中断标志，即 U0DBUF 就绪
     UTX0IF = 0; //清零 TX 中断标志
   }
}

/*************************************************************
* 功    能：定时器 T1 中断处理子程序
*************************************************************/
```

```
#pragma vector = T1_VECTOR //中断处理子程序
__interrupt void T1_ISR(void)
{
  EA = 0;    //禁止全局中断
  counter++;  //统计 T1 的溢出次数
  T1STAT &= ~0x01;  //清除通道 0 中断标志
  EA = 1;    //使能全局中断
}


/********************************************************
* 函数名称: main
* 功    能: main 函数入口
********************************************************/
void main(void)
{
  P1DIR |= 0x01;    /* 配置 P1_0 的方向为输出 */
  LED1 = 0;
  inittTimer1();  //初始化 Timer1
  initUART0();    // UART0 初始化
  while(1)
  {
    if(counter>=15)
    {
      counter=0;
      UartTX_Send_String(Txdata,strlen(Txdata)); //串口发送数据
      LED1 = !LED1;

    }
  }
}
```

任务二　在 PC 上通过串口控制 CC2530 的 LED 灯

一、任务描述

使用 PC 端的串口调试程序向实验板发送控制字符，实验板上的 1 个 LED 根据控制字符进行点亮和熄灭两种状态的转换。具体工作方式如下。

① 通电后 P1_0 为通用 I/O 口，设置为输出。

② LED1 熄灭。

③ UART0 串口初始化。

④ 等待 UART0 接收数据。

⑤ 处理接收到的控制命令。

⑥ 按照控制命令对指定的 LED 进行点亮或熄灭（PC 发送字符"0"时，LED 灯全部熄灭；PC 发送字符"1"时，点亮第一个 LED 灯；PC 发送字符"2"时，点亮第二个 LED 灯；PC 发送字符"3"时，点亮第三个 LED 灯；PC 发送字符"4"时，点亮第四个 LED 灯）。

⑦ 清空数据缓冲区和指针。

⑧ 返回步骤④循环执行。

二、任务目标

1. 训练目标

① 检验 CC2530 单片机串口硬件电路图的识读技能。

② 检验学生掌握 CC2530 单片机串口使用的技能。

③ 检验学生掌握 PC 通过串口发送字符控制下位机的技能。

2. 素养目标

① 培养学生在工作现场的 6S 意识和用电安全意识。

② 爱惜工具，注重场地整洁。

③ 具备积极、主动的探索精神。

三、相关知识

使用串口时需要明确串口的任务是接收数据，还是发送数据，或者两者都要使用。串口接收数据有查询法和中断法两种。查询法就是使串口一直处于等待的状态，查看串口上是不是有数据（主要是查看 URX0IF 的值，若是 1，表示串口上有数据并且串口上的数据已经接收完毕，可以进行下一步的操作了），若数据接收完毕，就开始对接收的数据进行相应的操作，这种方法稳定性较高。还有一种是中断法，这种方法是运用串口的中断服务程序（ISR）来完成的。如果串口上有值，那么就会调用相应的中断向量，中断向量则把程序指针指到相应的 ISR。对接收数据的操作在 ISR 中进行，ISR 完成之后，程序指针会跳回中断前的地方，继续进行刚才被中断的工作。

CC2530 的 UxCSR 是 USARTx 控制和状态寄存器。UxCSR 的第 6 位是 UART 使能位，在 UART 配置后，通过设置 UxCSR.REN 的值来控制串口接收器允许接收还是禁止接收。当 UxCSR.REN=1 时，UART 就开始接收数据，在 RXDx 引脚监测寻找有效的起始位，并且设置 UxCSR.ACTIVE 的值为 1。当检测到有效的起始位时，收到的字节就传送到 UxBUF。程序通过收发缓冲寄存器 UxBUF 获取收到的字节数据，当 UxBUF 被读出时，UxCSR.RX_BYTE 位由硬件清零。

1. UART 接收串口数据

编程中，通常有查询方式和中断方式两种方式来实现串口数据的接收。

（1）查询方式接收串口数据

CC2530 单片机在数据接收完毕后，中断标志位 TCON.URXxIF 被置 1，程序通过检测 TCON.URXxIF 来判断 UART 是否接收到数据。查询方式接收串口数据是串口接收程序不断查询中断标志位 TCON.URXxIF 是否为 1。TCON.URXxIF 的值不是 1，接收程序继续查询等待；如果查询到 TCON.URXxIF 的值是 1，软件编程将 TCON.URXxIF 的值清零，缓冲寄存器 UxBUF 中的数据赋值给程序变量，完成数据接收。

（2）中断方式接收串口数据

程序初始化时，通过设置 IEN0.URXxIE 的值为 1，使能 USARTx 的串口接收中断。CC2530 单片机在数据接收完毕后，中断标志位 TCON.URXxIF 被置 1，就产生串口接收数据中断。在中断处理函数中，对中断标志位 TCON.URXxIF 软件清零，缓冲寄存器 UxBUF 中的数据赋值给程序变量，完成数据接收。

2. 串口控制命令

PC 通过串口发送字符串控制 LED 灯的亮/灭，根据控制对象的数量及动作的复杂程度约定控制命令格式。本任务控制对象是 LED1、LED2、LED3 和 LED4，每个灯有亮/灭两种状态，所以在控制命令中要有两个部分来描述对象和状态。

控制命令分为 3 个部分：命令开始标志、LED 灯序号和亮/灭两种状态。

命令开始标志使用一个字符"#"，使用一个字节数据。当串口接收到字符"#"时，标志着开始接收控制命令。LED 灯的序号使用数字表示，使用一个字节数据。4 个 LED 灯用数字 1、2、3、4 分别表示，也可以使用字母 A、B、C、D 表示。LED 灯的亮/灭两种状态使用数字"1"和"0"表示，使用一个字节数据。"1"表示点亮 LED1 灯，"0"表示熄灭 LED 灯。

CC2530 的串口接收到字符，按照控制命令的格式分析执行。例如，接收到控制命令"2"，则点亮 LED2。由于控制命令的字符长度固定，不需要在控制命令中加结束标志。在接收到的字符中，按照控制命令格式只保留分析有效的命令内容，其他字符内容将被丢弃。

四、任务实施

1. 电路分析

本任务与本单元任务一相同，略。

2. 代码设计

（1）建立工程

建立任务的工程项目，在项目中添加名为"uart2.c"的代码文件。

（2）编写代码

根据任务要求，可将整个程序的控制流程用图 5.6 表示。

1）编写基本代码

① 在代码中引用"ioCC2530.h"头文件。

② LED1、LED2、LED3 和 LED4 使用 I/O 端口进行宏定义。

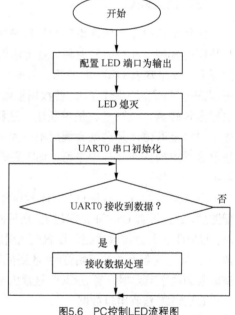

图5.6   PC控制LED流程图

```
#define LED1 P1_0        // LED1 端口宏定义
#define LED2 P1_1        // LED2 端口宏定义
#define LED3 P1_3        // LED3 端口宏定义
#define LED4 P1_4        // LED4 端口宏定义
```

③ 连接 LED 的端口设置为通用 I/O 口，并设置为输出。代码如下。

```
P1SEL &= ~0x1B;          //0x1B 对应的二进制数为：0001 1011
P1DIR |= 0x1B;           //设置为输出
```

2）编写 UART0 串口初始化代码

① 配置 IO 使用外部设备功能，本任务配置 P0_2 和 P0_3 用作串口 UART0。

```
PERCFG = 0x00;  //位置1 P0 口
```

```
P0SEL = 0x3c;    //P0 用作串口，P0_2、P0_3 作为串口 RX、TX
```
② 配置相应串口的控制和状态寄存器，本任务配置 UART0 的工作寄存器。
```
U0CSR |= 0x80;   // UART 模式
U0UCR |= 0x80;   //进行 USART 清除，并设置数据格式为默认值
```
③ 配置串口工作的波特率，本任务配置为波特率为 57 600 波特。
```
U0BAUD = 216;
U0GCR = 10;
```
串口初始化代码如下。

```
void init_UART()    //串口初始化
{
    CLKCONCMD &= 0x80;          //晶振 32MHz

    PERCFG=0x00;
    P0SEL|=0X0C;
    U0CSR |= 0x80;       //UART 模式
    U0BAUD=216;
    U0GCR=10;
    U0UCR|=0X80;
    URX0IF=0;       //打开接收器,必须要先配置好串口,才能打开接收器
    U0CSR|=0x40;
    EA=1;
}
```

3）编写接收数据处理程序

PC 与 CC2530 通过串口通信，发送字符控制 LED 灯，对接收数据的处理是该程序的关键。CC2530 接收数据处理流程如图 5.7 所示。

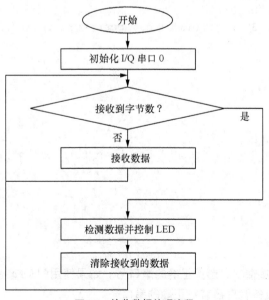

图5.7 接收数据处理流程

主程序具体代码如下。
```
void main()
{
```

```
init_light();
init_UART();
unsigned char c;  //接收单个字
while(1)
{
  while(URX0IF==0);      //接收单个字
  URX0IF=0;
  c=U0DBUF;

  if(c=='1')
  {
    LED1=1;
    LED2=LED3=LED4=0;
    UartTX_Send_String("\nLED1 has been turn on!\n",25);

  }

  else if(c=='2')
  {
    LED2=1;
    LED1=LED3=LED4=0;
    UartTX_Send_String("\nLED2 has been turn on!\n",25);
  }

  else  if(c=='3')
  {
    LED3=1;
    LED1=LED2=LED4=0;
    UartTX_Send_String("\nLED3 has been turn on!\n",25);

  }

  else if(c=='4')
  {
    LED4=1;
    LED1=LED2=LED3=0;
    UartTX_Send_String("\nLED4 has been turn on!\n",25);
  }

  c=(uchar)NULL;
  }
}
```

4）注意事项

① 根据 PC 串口连接情况，选择正确的串口号。如果使用 USB 转串口线连接，则需要安装驱动程序，通过 PC 的设备管理器查找正确的串口号。

② 选择正确的串口参数。波特率为 57 600 波特，无奇偶校验，一位停止位。

③ 发送模式选择文本模式。使用串口调试软件分别发送以下控制字符串：1，2，3，4；观察实验板上 LED1、LED2、LED3 和 LED4 亮/灭状态的转换。

五、考核与评价

在 PC 上通过串口控制 CC2530 的 LED 灯项目训练评分标准如表 5.10 所示。

表 5.10　在 PC 上通过串口控制 CC2530 的 LED 灯项目训练评分标准

一级指标	二级指标	分值	扣分点及扣分原因	扣分	得分
训练过程（80%）	计划与准备	10	做好测试前的准备，不进行清点接线、设备、材料等操作扣除 2 分	5	
			带电拔插元器件扣除 1 分	5	
	电路分析	20	CC2530 引脚功能	10	
			LED 灯与 CC2530 引脚的关系	10	
			LED 灯与电平的关系	10	
			串口初始化、波特率的设置		
	代码设计	30	正确建立工程	5	
			编写流程图	5	
			程序设计，包括引用头文件、设计延时程序、初始化 I/O、字符发送程序、主程序代码设计等	20	
	职业素养	10	编程过程中及结束后，桌面及地面不符合 6S 基本要求的扣除 3~5 分	10	
		10	对耗材浪费，不爱惜工具，扣除 3 分；损坏工具、设备扣除本大项的 20 分；选手发生严重违规操作或作弊，取消成绩	10	
训练结果（20%）	实作结果及质量	20	工艺和功能验证	10	
			撰写考核记录报告	10	
总计		100			

六、任务小结

串口硬件设计有位置 1 和位置 2 两种，不同的生产厂家主要修改 PERCFG 和 PxSEL 的值。实现串口接收字符串实现方式主要有查询方式和中断方式两种。

串口接收字符串到 PC 查询实现串口初始化步骤为：设置系统时钟（CLKCONCMD &= 0x80;）→串口位置（PERCFG）→串口 TX/RX 引脚（PxSEL）→模式选择（U0CSRI=0x80; //UART 模式）→波特率（U0BAUD=216 和 U0GCR l= 10）→清除 RX 中断标志（URX0IF = 0;）→接收使能（U0CSRI=0x40;）→开中断（EA=1;）。

查询方式主程序：定义字符变量（uchar c;）→（while(URX0IF==0);）→清除接收中断标志位（URX0IF=0;）→传递传送值（c=U0DBUF;）→判断→清空缓冲数据（c=(uchar)NULL;）。

如果采用 T1 中断实现，串口初始化步骤为：串口位置（PERCFG）→串口 TX/RX 引脚（PxSEL）→模式选择（U0CSRI=0x80; //UART 模式）→波特率（U0BAUD=216 和 U0GCR l= 10）→清除 TX 中断标志（UTX0IF = 0;）→全局中断打开（EA= 1）。中断处理程序步骤为：先禁止全局中断（EA = 0;）→清除通道 0 中断标志（T1STAT &= ~0x01;）→使能全局中断（EA = 1;）。

实现串口发送字符串到 PC，串口初始化时需要将 UTX0IF 定义为零（UTX0IF = 0）。

七、参考程序

UART 0 串口查询方式接收数据，完成 PC 通过串口向 CC2530 发送数据，控制 LED1、LED2、LED3 和 LED4 的点亮与熄灭。

```c
#include "iocc2530.h"
#include <string.h>

#define LED1 P1_0              // LED1 端口宏定义
#define LED2 P1_1              // LED2 端口宏定义
#define LED3 P1_3              // LED3 端口宏定义
#define LED4 P1_4              // LED4 端口宏定义

#define uchar unsigned char

void init_UART()  //串口初始化
{
  CLKCONCMD &= 0x80;            //晶振 32MHz

  PERCFG=0x00;
  P0SEL|=0X0C;
  U0CSR |= 0x80;      //UART 模式
  U0BAUD=216;
  U0GCR=10;
  U0UCR|=0X80;
  URX0IF=0;  //打开接收器，必须要先配置好串口，才能打开接收器
  U0CSR|=0x40;
  EA=1;
}

void init_light()
{
  P1SEL&=~0X1B;//0001 1011
  P1DIR|=0X1B;

  LED1=0;
  LED2=0;
  LED3=0;
  LED4=0;
}
/*************************************************************
*函数功能 : 串口发送字符串函数
*入口参数: data: 数据
*          len: 数据长度
*返 回 值: 无
*说    明:
*************************************************************/
void UartTX_Send_String(char *Data,int len)
{
```

```
    int j;
    for(j=0;j<len;j++)
    {
      U0DBUF = *Data++;
      while(UTX0IF == 0);
      UTX0IF = 0;
    }
}

void main()
{
  init_light();
  init_UART();
  unsigned char c; //接收单个字
  while(1)
  {
    while(URX0IF==0);     //接收单个字
    URX0IF=0;
    c=U0DBUF;

    if(c=='1')
    {
      LED1=1;
      LED2=LED3=LED4=0;
      UartTX_Send_String("\nLED1 has been turn on!\n", 25);

    }

    else if(c=='2')
    {
      LED2=1;
      LED1=LED3=LED4=0;
      UartTX_Send_String("\nLED2 has been turn on!\n", 25);
    }

    else  if(c=='3')
    {
      LED3=1;
      LED1=LED2=LED4=0;
      UartTX_Send_String("\nLED3 has been turn on!\n", 25);

    }

    else if(c=='4')
    {
      LED4=1;
      LED1=LED2=LED3=0;
      UartTX_Send_String("\nLED4 has been turn on!\n", 25);
    }
```

```
    c=(uchar)NULL;
  }
}
```

打开串口调试软件，选择相应的串口，可通过 PC 的设备管理器查看串口，设置波特率为 57 600 波特，校验位 None，数据位为 8，停止位为 1。运行结果如图 5.8 所示。

图5.8　在PC上通过串口控制CC2530的LED灯运行结果示意

八、启发与思考

设置 UART0 串口使用中断方式接收数据，完成 PC 通过串口向 CC2530 发送数据，控制 LED1、LED2、LED3 和 LED4 的点亮与熄灭。

```
#include "iocc2530.h"
#include <string.h>

#define LED1 P1_0              // LED1 端口宏定义
#define LED2 P1_1              // LED2 端口宏定义
#define LED3 P1_3              // LED3 端口宏定义
#define LED4 P1_4              // LED4 端口宏定义

#define uchar unsigned char

unsigned char c; //接收单个字
uchar UartRxFlag;

void init_UART()  //串口初始化
{
  CLKCONCMD &= 0x80;              //晶振 32MHz
```

```
    PERCFG=0x00;
    P0SEL|=0X0C;
    U0CSR |= 0x80;      //UART 模式
    U0BAUD=216;
    U0GCR=10;
    U0UCR|=0X80;
    URX0IF=0;   //打开接收器, 必须要先配置好串口, 才能打开接收器
    U0CSR|=0x40;

    IEN0 |= 0x84;                   //开总中断, 接收中断
    EA=1;
}

void init_light()
{
    P1SEL&=~0X1B;//0001 1011
    P1DIR|=0X1B;

    LED1=0;
    LED2=0;
    LED3=0;
    LED4=0;
}
/*****************************************************************
*函数功能: 串口发送字符串函数
*入口参数: data: 数据
*          len: 数据长度
*返 回 值: 无
*说    明:
*****************************************************************/
void UartTX_Send_String(char *Data,int len)
{
    int j;
    for(j=0; j<len; j++)
    {
        U0DBUF = *Data++;
        while(UTX0IF == 0);
        UTX0IF = 0;
    }
}

void main()
{
    init_light();
    init_UART();

    UartRxFlag = 0;
    while(1)
    {
        if(UartRxFlag)
```

```
    {
        UartRxFlag = 0;
        if(c=='1')
        {
            LED1=1;
            LED2=LED3=LED4=0;
            UartTX_Send_String("\nLED1 has been turn on!\n", 25);

        }

        else if(c=='2')
        {
            LED2=1;
            LED1=LED3=LED4=0;
            UartTX_Send_String("\nLED2 has been turn on!\n", 25);
        }

        else  if(c=='3')
        {
            LED3=1;
            LED1=LED2=LED4=0;
            UartTX_Send_String("\nLED3 has been turn on!\n", 25);

        }

        else if(c=='4')
        {
            LED4=1;
            LED1=LED2=LED3=0;
            UartTX_Send_String("\nLED4 has been turn on!\n", 25);
        }

        c=(uchar)NULL;
    }
  }
}
/****************************************************************
*函数功能：串口接收一个字符
*入口参数：无
*返 回 值：无
*说    明：接收完成后打开接收
****************************************************************/
#pragma vector = URX0_VECTOR
__interrupt void UART0_ISR(void)
{
    URX0IF = 0;                 //清除中断标志
    c = U0DBUF;
  UartRxFlag = 1;
}
```

任务三 在 PC 上利用串口收发数据

一、任务描述

使用 PC 端的串口调试程序向实验板发送任意长度为 30 字节的字符串，如果字符串长度不足 30 字节，则以"#"为字符串末字节，CC2530 在收到字节后会将这一字符串从串口反向发送到 PC，并用串口调试软件可以显示出来。

二、任务目标

1. 训练目标
① 检验 CC2530 单片机串口硬件电路图的识读能力。
② 检验学生掌握 PC 通过串口控制 CC2530 的 I/O 口的技能。
③ 检验学生掌握 PC 通过串口发送字符控制下位机的方法。

2. 素养目标
① 培养学生在工作现场的 6S 意识和用电安全意识。
② 爱惜工具，注重场地整洁。
③ 具备积极、主动的探索精神。

三、相关知识

UART 模式提供异步串行接口。在 UART 模式中，接口使用 2 线或含有 RXD、TXD、可选的 RTS 和 CTS 的 4 线。

1. UART 发送

当 USART 收/发数据缓冲器 UxDBUF 写入数据时，UART 发送启动。该字节发送到输出引脚 TXDx。寄存器 UxDBUF 是双缓冲器。当字节传送开始时，UxCSR.ACTIVE 位设置为 1，而当字节传送结束时，UxCSR.ACTIVE 位清零。当传送结束时，UxCSR.TX_BYTE 位设置为 1。当 UxDBUF 寄存器就绪，准备接收新的发送数据时，就产生了一个中断请求。该中断在传送开始之后立刻发生，因此当字节正在发送时，新的数据字节能够装入数据缓冲器。

2. UART 接收

当 1 写入 UxCSR.RE 位时，在 UART 上数据接收就开始了。然后 UART 会在输入引脚 RXDx 中寻找有效起始位，并且设置 UxCSR.ACTIVE 位为 1。当检测出有效起始位时，收到的字节就传入接收寄存器。UxCSR.RX_BYTE 位设置为 1。该操作完成时，产生接收中断。同时，UxCSR.ACTIVE 位设置为 0。

通过寄存器 UxDBUF 提供收到的数据字节。当 UxDBUF 读出时，UxCSR.RX_BYTE 位由硬件清零。

 注意

很重要的一点是，当应用程序已经读取 UxDBUF 时，不会清除 UxCSR.RX_BYTE。清除了 UxCSR.RX_BYTE，也就暗示 UART 确认 UART RX 移位寄存器为空，即使它可能保存有未决数据（通常是由于端到端传输引起的）。

UART 启动 RT/RTS 线（TTL 为低电平），它允许数据流进入 UART，会导致潜在的溢出。因此 UxCSR.TX_BYTE 标志紧密结合了 RT/RTS 功能，只能被片上系统 UART 自己控制。否则应用程序可能通常会经历这样事件：即使一个端到端传输清楚地表明了它应当间歇性地停止数据流，但是 RT/RTS 线仍然保持启动（TTL 为低电平）。

四、任务实施

1. 电路分析

本任务与本单元任务一相同，略。

2. 代码设计

（1）建立工程

建立任务的工程项目，在项目中添加名为"uart3.c"的代码文件。

（2）编写代码

根据任务要求，可将整个程序的控制流程用图 5.9 表示。

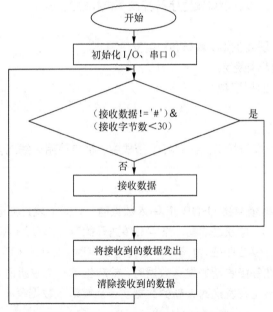

图5.9　在PC上利用串口收发数据流程示意

串口初始化代码具体如下。

```
void initUART(void)
{
  CLKCONCMD &= 0x80;                    //晶振 32MHz

  PERCFG = 0x00; //位置 1 P0 口
  P0SEL = 0x0C; //P0 用作串口

  U0CSR |= 0x80; //UART 方式
  U0GCR |= 10; //baud_e
  U0BAUD |= 216; //波特率设为 57 600
```

```
    UTX0IF = 1;

    U0CSR |= 0X40;  //允许接收
}
```

主程序代码具体如下。

```
void main(void)
{
    P1DIR |= 0x1B;
    LED1=0;
    LED2= 0;

    LED4=0;
    initUART();
    stringlen = strlen((char *)Recdata);
    UartTX_Send_String(Recdata, stringlen);

    while(1)
    {
        while(URX0IF==0);           //接收单个字
        URX0IF=0;
        temp=U0DBUF;

        if(RTflag==1)  //接收
        {
            LED1=1;  //LED1亮表示接收状态指示
            if( temp!=0)
            {
                if((temp!= '#' )&&(datanumber<30))
    //'#'被定义为结束字符
                    //最多能接收30个字符
                    Recdata[datanumber++]=temp;
                }

                else
                {
                    RTflag=3;   //进入发送状态
            }
                if(datanumber==30)RTflag=3;
                temp=0;
            }
        }

        if(RTflag==3)  //发送
        {
            LED2=1;
    //发送状态指示开LED2
            LED1 = 0;                    //关LED1
            U0CSR &= ~0x40; //不能接收数据
            UartTX_Send_String(Recdata,datanumber);
```

```
        U0CSR |= 0x40;  //允许接收数据
        RTflag = 1;        //恢复到接收状态
        datanumber = 0;  //指针归 0
        LED2 = 0;                        //关发送指示灯 LED2
    }
  }
}
```

五、考核与评价

在 PC 上利用串口收发数据项目训练评分标准如表 5.11 所示。

表 5.11　在 PC 上利用串口收发数据项目训练评分标准

一级指标	二级指标	分值	扣分点及扣分原因	扣分	得分
训练过程 （<u>80%</u>）	计划与准备	10	做好测试前的准备，不进行清点接线、设备、材料等操作扣除 2 分	5	
			带电拔插元器件扣除 1 分	5	
	电路分析	20	CC2530 引脚功能	5	
			LED 灯与 CC2530 引脚的关系	5	
			LED 灯与电平的关系	5	
			串口初始化、波特率的设置	5	
	代码设计	30	正确建立工程	5	
			编写流程图	5	
			程序设计，包括引用头文件、设计延时程序、初始化 I/O、发送和接收数据程序、主程序代码设计等	20	
	职业素养	10	编程过程中及结束后，桌面及地面不符合 6S 基本要求的扣除 3～5 分	10	
		10	对耗材浪费，不爱惜工具，扣除 3 分；损坏工具、设备扣除本大项的 20 分；选手发生严重违规操作或作弊，取消成绩	10	
训练结果 （<u>20%</u>）	实作结果及质量	20	工艺和功能验证	10	
			撰写考核记录报告	10	
总计		100			

六、任务小结

　　CC2530 具有两个串行通信接口 USART0 和 USART1，它们能够分别运行于异步模式（UART）或同步模式（SPI）。CC2530 的串口通信，在 UART 模式提供异步串行接口，接口使用 2 线或含有 RXD、TXD、可选 RTS 和 CTS 的 4 线。当 CC2530 的 UART 模式提供全双工传送时，接收器中的位同步不影响发送功能。传送一个 UART 字节包含 1 个起始位、8 个数据位、1 个作为可选项的第 9 位数据或者奇偶校验位，再加上 1 个或 2 个停止位。UART 操作由 USART 控制和状态寄存器 UxCSR 以及 UART 控制寄存器 UxUCR 来控制。这里的 "x" 是 USART 的编号，其数值为 0 或者 1。UxBUF 寄存器是双缓冲的寄存器。当数据缓冲器寄存器 UxBUF 写入数据时，该字节发送到输出引脚 TXDx。

UART 接收到的数据存储在 UxBUF，通过读取寄存器 UxBUF 获得接收到的数据字节。

每个 USART 都有两个中断：发送数据完成中断（URXxIF）和接收数据完成中断（UTXxIF）。有两个 DMA 触发与每个 USART 相关。DMA 触发由事件 RX 或 TX 完成激活，请求 DMA 中断。用户可以配置 DMA 通道使用 USART 收发缓冲器（UxDBUF）作为它的源地址或目标地址。

 注意

实现串口发送字符串，要清除 TX 中断标志（UTX0IF = 0;）。在 PC 利用串口接收字符串，在串口初始化时要清除 RX 中断标志（URX0IF = 0;）。

七、参考程序

以查询方式实现，程序代码如下。

```c
#include <iocc2530.h>
#include <string.h>

#define uint unsigned int
#define uchar unsigned char

//定义控制灯的端口
#define LED1 P1_0                  // LED1 端口宏定义
#define LED2 P1_1                  // LED2 端口宏定义

void initUART(void);
void UartTX_Send_String(uchar *Data,int len);

uchar Recdata[30]="DTmobile\n";
uchar RTflag = 1;
uchar temp;
uint  datanumber = 0;
uint  stringlen;

/****************************************************************
*函数功能：初始化串口 1
*入口参数：无
*返 回 值：无
*说   明：57600-8-n-1
****************************************************************/
void initUART(void)
{
  CLKCONCMD &= 0x80;                      //晶振 32MHz

  PERCFG = 0x00; //位置 1 P0 口
  P0SEL = 0x0C; //P0 用作串口

  U0CSR |= 0x80; //UART 模式
  U0GCR |= 10; //baud_e
```

```
  U0BAUD |= 216; //波特率设为57600波特
  UTX0IF = 1;

  U0CSR |= 0X40; //允许接收
}

/******************************************************************
*函数功能：串口发送字符串函数
*入口参数：data：数据
*         len：数据长度
*返 回 值：无
*说    明：
******************************************************************/
void UartTX_Send_String(uchar *Data,int len)
{
  int j;
  for(j=0;j<len;j++)
  {
    U0DBUF=*Data++;
    while(UTX0IF==0);
    UTX0IF=0;
  }
}

/******************************************************************
*函数功能：主函数
*入口参数：无
*返 回 值：无
*说    明：无
******************************************************************/
void main(void)
{
  P1DIR |= 0x1B;
  LED1 = 0;
  LED2 = 0;
  LED4=0;
  initUART();
  stringlen = strlen((char *)Recdata);
  UartTX_Send_String(Recdata, stringlen);

  while(1)
  {
    while(URX0IF==0);          //接收单个字
    URX0IF=0;
    temp=U0DBUF;

    if(RTflag==1) //接收
    {
      LED1=1; //LED1亮，表示接收状态指示
      if( temp!=0)
      {
        if((temp!= '#' )&&(datanumber<30))
```

```
        {
                //   '#'被定义为结束字符
                //最多能接收 30 个字节
                Recdata[datanumber++]=temp;
        }

        else
        {
                RTflag=3;//进入发送状态
    }
    if(datanumber==30)RTflag=3;
    temp=0;
    }
  }

  if(RTflag==3)  //发送
  {
    LED2 =1;      //发送状态指示开 LED2
    LED1 =0;      //关 LED1
    U0CSR&=~0x40;  //不能接收数据
    UartTX_Send_String(Recdata,datanumber);
    U0CSR|=0x40;   //允许接收数据
    RTflag=1;         //恢复到接收状态
     datanumber=0;    //指针归 0
    LED2 =0;                //关发送指示灯 LED2
  }
 }
}
```

　　打开串口调试软件，选择相应的串口，可根据 PC 的设备管理器查看串口，设置波特率为 57 600，校验位 None，数据位为 8，停止位为 1。每次手动发送一次，串口调试软件显示一次发送字符串，运行结果如图 5.10 所示。

图5.10　在PC上利用串口收发数据运行结果示意

八、启发与思考

以中断方式实现程序，具体代码如下。

```c
#include <iocc2530.h>
#include <string.h>

#define uint unsigned int
#define uchar unsigned char

//定义控制灯的端口
#define LED1 P1_0              // LED1 端口宏定义
#define LED2 P1_1              // LED2 端口宏定义

void initUART(void);
void UartTX_Send_String(uchar *Data,int len);


uchar Recdata[30]="DTmobile\n";
uchar RTflag = 1;
uchar temp;
uint  datanumber = 0;
uint  stringlen;

/****************************************************************
*函数功能：初始化串口1
*入口参数：无
*返 回 值：无
*说    明：57600-8-n-1
****************************************************************/
void initUART(void)
{
  CLKCONCMD &= 0x80;                    //晶振 32MHz

  PERCFG = 0x00;                        //位置1 P0 口
  P0SEL = 0x0C;                         //P0 用作串口

  U0CSR |= 0x80;                        //UART 模式
  U0GCR |= 10;                          //baud_e
  U0BAUD |= 216;                        //波特率设为 57 600 波特
  UTX0IF = 1;

  U0CSR |= 0X40;                        //允许接收
  IEN0 |= 0x84;                         //开总中断，接收中断
}


/****************************************************************
*函数功能：串口发送字符串函数
*入口参数：data：数据
*           len：数据长度
```

```
*返回值: 无
*说    明:
*********************************************************************/
void UartTX_Send_String(uchar *Data,int len)
{
  int j;
  for(j=0;j<len;j++)
  {
    U0DBUF = *Data++;
    while(UTX0IF == 0);
    UTX0IF = 0;
  }
}



/********************************************************************
*函数功能: 主函数
*入口参数: 无
*返回值: 无
*说    明: 无
*********************************************************************/
void main(void)
{
  P1DIR |= 0x1B;
  LED1=0;
  LED2= 0;

  initUART();
  stringlen = strlen((char *)Recdata);
  UartTX_Send_String(Recdata, stringlen);

  while(1)
  {
    if(RTflag == 1)            //接收
    {
      LED1=1;                  //LED1 亮表示接收状态指示
      if( temp != 0)
      {
        if((temp!='#')&&(datanumber<30))
        {                               //'#'被定义为结束字符
          //最多能接收 30 个字符
          Recdata[datanumber++] = temp;
        }
        else
        {
          RTflag = 3;                  //进入发送状态
        }
        if(datanumber == 30)RTflag = 3;
        temp  = 0;
      }
```

```
    }

    if(RTflag == 3)              //发送
    {
      LED2= 1;                                //发送状态指示开 LED2
      LED1 = 0;                    //关 LED1
      U0CSR &= ~0x40;              //不能接收数据
      UartTX_Send_String(Recdata,datanumber);
      U0CSR |= 0x40;          //允许接收数据
      RTflag = 1;                      //恢复到接收状态
      datanumber = 0;          //指针归零
      LED2 = 0;                        //关发送指示灯 LED2
    }
  }
}


/****************************************************************
*函数功能：串口接收一个字符
*入口参数：无
*返 回 值：无
*说    明：接收完成后打开接收
****************************************************************/
#pragma vector = URX0_VECTOR
__interrupt void UART0_ISR(void)
{
  URX0IF = 0;                  //清除中断标志
  temp = U0DBUF;
}
```

6 Chapter

单元六
模/数转换应用

📖 **本单元目标**

知识目标：

- 了解 ADC 的工作原理。
- 理解 ADC 的配置和应用。
- 掌握 ADC 测量外部电压的编程。

技能目标：

- 根据实际应用串口调试软件发送 ADC 转换后的值。
- 利用串口调试软件进行程序调试。

任务一 | 实现外部电压值 AVDD 的测量

一、任务描述

编写程序实现实验板测定芯片外部光敏传感器的电压，通过串口发送电压值。实验板上安装光敏传感器，光线的强弱转换成电压的高低，经 ADC 转换以后通过串口将电压值发送给 PC，可以通过串口调试软件读取电压值。每发送一次电压值的字符串消息，LED 闪亮一次。具体工作方式如下：

① 通电后，LED1 熄灭。
② UART0 串口初始化。
③ 设置 ADC。
④ LED 点亮。
⑤ 开启单通道 ADC。
⑥ ADC 对通道 0 进行模数转换测量电压。
⑦ 发送字符串测量电压值。
⑧ LED 熄灭。
⑨ 延时一段时间。
⑩ 返回步骤④循环执行。

二、任务目标

1. 训练目标
① 检验 CC2530 单片机设置 ADC 模块寄存器技能。
② 检验学生掌握 CC2530 单片机对测量的电压进行转换和设定转换精度的技能。
③ 检验学生掌握 PC 通串口通信发送传感器相关参数的技能。

2. 素养目标
① 培养学生在工作现场的 6S 意识和用电安全意识。
② 爱惜工具，注重场地整洁。
③ 具备积极、主动的探索精神。

三、相关知识

模拟/数字转换（Analog to Digital Converter，ADC）是将输入的模拟信号转换为数字信号。各种被测控的物理量（如速度、压力、温度、光照强度、磁场等）是一些连续变化的物理量，传感器将这些物理量转换成与之相对应的电压和电流就是模拟信号。单片机只能接收数字信号，要处理这些信号就必须转换成数字信号，模拟/数字转换是数字测控系统中必需的信号转换。

1. 电信号的形式与转换

从电信号的表现形式上，可以分为模拟信号和数字信号。

（1）模拟信号

模拟信号是指用连续变化的物理量所表达的信息，如温度、湿度、压力、长度、电流、电压等，我们通常又把模拟信号称为连续信号，它在一定的时间范围内可以有无限多个不同的取值。

（2）数字信号

在数字电路中，由于数字信号只有 0、1 两个状态，它的值是通过中央值来判断的，在中央值以下规定为 0，以上规定为 1，所以即使混入了其他干扰信号，只要干扰信号的值不超过阈值范围，就可以再现出原来的信号。即使因干扰信号的值超过阈值范围而出现了误码，只要采用一定的编码技术，也很容易将出错的信号检测出来并加以纠正，因此，与模拟信号相比，数字信号在传输过程中具有更高的抗干扰能力，更远的传输距离，且失真幅度小。

2. CC2530 的 ADC 模块

CC2530 的 ADC 模块支持最高 14 位二进制的模拟数字转换，具有 12 位的有效数据位。它包括一个输入多路切换器，具有 8 个各自可配置的通道；以及一个参考电压发生器。转换结果通过 DMA 写入存储器，还具有多种运行模式。ADC 模块结构如图 6.1 所示。

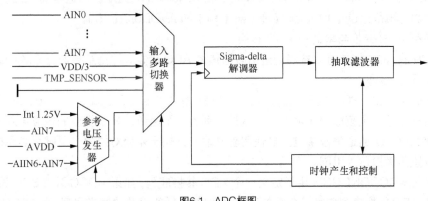

图6.1 ADC框图

CC2530 的 ADC 模块有如下主要特征。

① 可选的抽取率，设置分辨率（7 到 12 位）。

② 8 个独立的输入通道，可接收单端或差分信号。

③ 参考电压可选为内部单端、外部单端、外部差分或 AVDD5。

④ 转换结束产生中断请求。

⑤ 转换结束时可发 DMA 触发。

⑥ 可以将片内温度器作为输入。

⑦ 电池电压测量。

3. ADC 的工作模式

（1）ADC 模块的输入

对于 CC2530 的 ADC 模块，端口 P0 引脚可以配置为 ADC 输入端，依次为 AIN0～AIN7。可以把输入配置为单端或差分输入。在选择差分输入的情况下，差分输入包括输入对 AIN0-AIN1、AIN2-AIN3、AIN4-AIN5 和 AIN6-AIN7。除了输入引脚 AIN0-AIN7，片上温度传感器的输出也可以选择作为 ADC 的输入用于温度测量；还可以输入一个对应 AVDD5/3 的电压作为一个 ADC 输入，在应用中这个输入可以实现一个电池电压监测器的功能。特别提醒：负电压和大于 VDD（未调节电压）的电压都不能用于这些引脚。它们之间的转换结果是在差分模式下每对输入端之间的电压差值。

8 位模拟量输入来自 I/O 引脚，不必通过编程将这些引脚变为模拟输入。但是，当相应的模拟输入端在 APCFG 寄存器中被禁用时，此通道将被跳过。当使用差分输入时，相应的两个引脚都必须在 APCFG 寄存器中设置为模拟输入引脚。APCFG 寄存器描述如表 6.1 所示。

表 6.1　APCFG 寄存器的描述

位	位名称	复位值	操作	描述
7:0	APCFG[7:0]	0x00	R/W	模拟外设 I/O 配置。 APCFG[7:0]选择 P0.7 ~ P0.0 作为模拟输入。 0：模拟 I/O 禁用。 1：模拟 I/O 使用

单端电压输入 AIN0 ~ AIN7 以通道号码 0 ~ 7 表示。通道号码 8 到 11 表示差分输入，它们分别是 AIN0-AIN1、AIN2-AIN3、AIN4-AIN5 和 AIN6-AIN7 组成。通道号码 12 到 15 分别用于 GND（12）、预留通道（13）、温度传感器（14）和 AVDD5/3（15）。

（2）序列 ADC 转换与单通道 ADC 转换

CC2530 的 ADC 模块可以按序列进行多通道的 ADC 转换，并把结果通过 DMA 传送到存储器，而不需要 CPU 参与。

转换序列可以由 APCFG 寄存器设置，八位模拟输入来自 I/O 引脚，不必经过编程变为模拟输入。如果一个通道是模拟 I/O 输入，它就是序列的一个通道，如果相应的模拟输入在 APCFG 中禁用，那么此 I/O 通道将被跳过。当使用差分输入，处于差分对的两个引脚都必须在 APCFG 寄存器中设置为模拟输入引脚。

寄存器位 ADCCON2.SCH 用于定义一个 ADC 转换序列，如果 ADCCON2.SCH 设置为一个小于 8 的值，ADC 转换序列包括从 0 通道开始，直到并包括所设置的通道号码。当 ADCCON2.SCH 设置为一个 8 和 12 之间的值，转换序列包括从通道 8 开始差分输入，到 ADCCON2.SCH 所设置的通道号码结束。

除可以设置为按序列进行 ADC 转换之外，CC2530 的 ADC 模块可以编程实现任何单个通道执行一个转换，包括温度传感器（14）和 AVDD5/3（15）两个通道。单通道 ADC 转换通过写 ADCCON3 寄存器触发，转换立即开始。除非一个转换序列已经正在进行，在这种情况下序列一完成，单个通道的 ADC 转换就会被执行。

4. ADC 的相关寄存器

ADC 有两个数据寄存器：ADCL（0xBA）-ADC 数据低位寄存器、ADCH（0xBB）-ADC 数据高位寄存器，如表 6.2 和表 6.3 所示。

表 6.2　ADCL（0xBA）-ADC 数据低位寄存器的描述

位	位名称	复位值	操作	描述
7:2	ADC[5:0]	0000 00	R	ADC 转换结果的低位部分
1:0		00	R0	没有使用。读出来一直是 0

表 6.3　ADCL（0xBB）-ADC 数据高位寄存器的描述

位	位名称	复位值	操作	描述
7:0	ADC[13:6]	00	R	ADC 转换结果的高位部分

ADC 有三个寄存器：ADCCON1、ADCCON2 和 ADCCON3，如表 6.4、表 6.5 和表 6.6 所示。这些寄存器用来配置 ADC，并返回转换结果。

表 6.4　ADCCON1-ADC 控制高位寄存器的描述

位	位名称	复位值	操作	描述
7	EOC	0	R/H0	转换结束。当 ADCH 被读取的时候清除。如果已经读取前一数据之前，完成一个新的转换，EOC 位仍然为高。 0：转换没有完成。 1：转换完成
6	ST	0	R/H0	开始转换。读为 1，直到转换完成。 0：没有转换正在进行。 1：如果并且没有序列正在运行就启动一个转换序列
5:4	STSEL[1:0]	11	R/W1	启动选择。选择该事件，将启动一个新的转换序列。 00：P2.0 引脚的外部触发。 01：全速，不等待触发器。 10：定时器 1 通道 0 比较事件。 11：ADCCON1.ST=1
3:2	RCTRL[1:0]	00	R/W	控制 16 位随机发生器。当写 01 时，当操作完成时设置将自动返回到 00。 00：正常运行（13X 型展开）。 01：LFSR 的时钟一次（没有展开）。 10：保留。 11：停止，关闭随机数发生器
1:0		11	R/W	保留，一直设为 11

表 6.5　ADCCON2-ADC 控制寄存器的描述

位	位名称	复位值	操作	描述
7:6	SREF[1:0]	00	R/W	选择用于序列转换的参考电压。 00：内部参考电压。 01：AIN7 引脚上的外部参考电压。 10：AVDD5 引脚。 11：AIN6-AIN7 差分输入外部参考电压
5:4	SDIV[1:0]	01	R/W	设置转换序列通道的抽取率。抽取率也决定完成转换需要的时间和分辨率。 00：64 位抽取率（7 位 ENOB）。 01：128 位抽取率（9 位 ENOB）。 10：256 位抽取率（10 位 ENOB）。 11：512 位抽取率（12 位 ENOB）

（续表）

位	位名称	复位值	操作	描述
3:0	SCH[3:0]	0000	R/W	序列通道选择。 当读取的时候，这些位将代表有转换进行的通道号码。 0000：AIN0。 0001：AIN1。 0010：AIN2。 0011：AIN3。 0100：AIN4。 0101：AIN5。 0110：AIN6。 0111：AIN7。 1000：AIN0-AIN1。 1001：AIN2-AIN3。 1010：AIN4-AIN5。 1011：AIN6-AIN7。 1100：GND。 1110：温度传感器。 1111：VDD/3

表 6.6　ADCCON3-ADC 控制寄存器的描述

位	位名称	复位值	操作	描述
7:6	SREF[1:0]	00	R/ W	选择用于单通道转换的参考电压。 00：内部参考电压。 01：AIN7 引脚上的外部参考电压。 10：AVDD5 引脚。 11：AIN6-AIN7 差分输入外部参考电压
5:4	SDIV[1:0]	01	R/W	设置单通道 ADC 转换设置的抽取率。抽取率也决定完成转换需要的时间和分辨率。 00：64 位抽取率（7 位 ENOB）。 01：128 位抽取率（9 位 ENOB）。 10：256 位抽取率（10 位 ENOB）。 11：512 位抽取率（12 位 ENOB）
3:0	SCH[3:0]	0000	R/W	单个通道选择。 选择写 ADCCON3 触发的单个通道转换所在的通道号码。当单个转换完成，该位自动清零。 0000：AIN0。 0001：AIN1。 0010：AIN2。

（续表）

位	位名称	复位值	操作	描述
3:0	SCH[3:0]	0000	R/W	0011：AIN3。 0100：AIN4。 0101：AIN5。 0110：AIN6。 0111：AIN7。 1000：AIN0-AIN1。 1001：AIN2-AIN3。 1010：AIN4-AIN5。 1011：AIN6-AIN7。 1100：GND。 1110：温度传感器。 1111：VDD/3

5. ADC 的配置和应用

ADC 有 ADCCON1、ADCCON2 和 ADCCON3 共 3 种控制寄存器。这些寄存器用于配置 ADC，以及读取 ADC 转换的状态。

ADCCON1.EOC 是一个状态位，当一个转换结束时，设置为高电平；当读取 ADCH 时，它就被清除。

ADCCON1.ST 用于启动一个转换序列。当没有转换正在运行时这个位设置为高电平，ADCCON1.STSEL 是 11，就启动一个序列。当这个序列转换完成，ADCCON1.ST 就被自动清零。

ADCCON1.STSEL 位选择哪个事件将启动一个新的转换序列。该选项可以选择为外部引脚 P2.0 上升沿或外部引脚事件，之前序列的结束事件，定时器 1 的通道 0 比较事件或 ADCCON1.ST 是 1。

ADCCON2 寄存器设置转换序列的执行方式。ADCCON2.SREF 用于选择参考电压。ADCCON2.SDIV 位用来选择抽取率，抽取率的设置决定分辨率和完成一个转换所需要的时间。ADCCON2.SCH 设置转换序列的最后一个通道数。

ADCCON3 寄存器控制单个转换的通道号码、参考电压和抽取率。该寄存器位的设置选项和 ADCCON2 是完全一样的。单通道转换在寄存器 ADCCON3 定入后将立即发生，如果一个转换序列正在进行，该序列结束之后立即启动 ADC 转换。

四、任务实施

1. 电路分析

将光敏电阻传感器模块安装在节点电路板上，光敏电阻的阻值大小会按照环境光线的变化而变化，经串联的电阻 R_{16} 分压后连接在 CC2530 的 19 脚。第 19 脚是 CC2530 的片内 ADC 模块的 0 通道输入端，通过测量电压输入的电压来感知环境光照的强弱。电路连接情况，如图 6.2 所示。

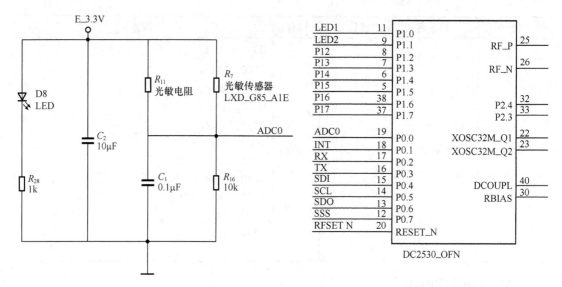

图6.2 测量光敏电阻传感器输出电压

2. 代码设计

（1）建立工程

在项目中添加名为"ADC_GZ.c"的代码文件。

（2）编写代码

根据任务要求，实现外部电压值的测量用流程图进行表示，如图 6.3 所示。

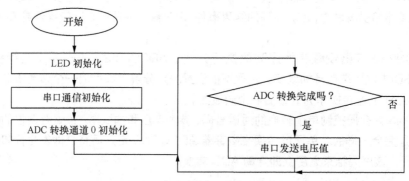

图6.3 实现外部电压值的测量流程

（3）编写基本代码

在代码中引用"ioCC2530.h"头文件。

（4）AD 初始化函数

函数功能：将 AD 转换源设为电源电压，ADC 结果分辨率设为 14 位，AD 模式为单次转换，启动 ADC 转换。

本任务设置 ADCCON3=0xbd。即参考电压选择模拟电源电压（3.3V），转化精度仍是 14 位不变。代入公式计算得到转换电压值。

```
void InitialAD(void)
{

  ADCH &= 0X00;        //清 EOC 标志
  ADCCFG |= 0X80;
  ADCCON3=0xbd;         //单次转换，参考电压为电源电压   //14 位分辨率
  ADCCON1 = 0X30;      //停止 A/D
  ADCCON1 |= 0X40;//启动 A/D

}
```

（5）ADC 初始化函数

ADC 转换会在写入 ADCCON2 或 ADCCON3 时启动。ADC 测量芯片外部电压的初始化主要是模拟量输入端口的设置。本项目测量通道 0 的芯片外部电压，ADC 初始化函数代码如下。

```
void adc_Init(void)
{
    APCFG |=1;
    P0SEL |= (1 << (0));
    P0DIR &= ~ (1 << (0));
}
```

（6）读取 ADC 转换电压值函数

单通道的 ADC 转换，只需将控制字写入 ADCCON3 即可。采用基准电压 avdd5：3.3V，通道 0，对应的控制字代码如下。

```
ADCCON3 = (0x80 | 0x10 | 0x00);
```

ADCCON3 控制寄存器一旦写入控制字，ADC 转换就会启动，使用 while（）语句查询 ADC 中断标志位 ADCIF，等待转换结束，代码如下：

```
while( !ADCIF )
       {  ;  //等待 AD 转化结束}
```

ADC 转换结束，读取 ADCH、ADCL 并进行电压值的计算。采用基准电压 3.3V，测得电压值 value 与 ADCH、ADCL 的计算关系是：

```
Value = (ADCH*256+ADCL) *3.3 /32768
```

电压值计算的实现代码如下。

```
value = ADCH;
value = value<< 8;
value |= ADCL;
value = (value * 330);  //电压值 = (value*3.3)/32768 (V)
value = value >> 15;     //除以 32768
```

通过 ADC 获取外部 0 通道电压的函数 get_adc( )完整代码如下。

```
uint16 get_adc(void)
{
  uint32 value;
  ADCIF = 0;  //清 ADC 中断标志
  ADCCON3 = (0x80 | 0x10 | 0x00);
  while ( !ADCIF ); //等待 AD 转化结束
  value = ADCH;
  value = value<< 8;
  value |= ADCL;
```

```
value = (value * 330);
value = value >> 15;    //除以 32768
    //返回分辨率为 0.01V 的电压值
    return (uint16)value;
}
```

（7）主程序代码

CC2530 的 ADC 模块测量外部电路通道 0 的电压，通过串口发送电压值。主程序代码具体如下。

```
void main(void)
{
    P1DIR |= 0x03;


    char temp[2];
    uint adc;
    float num;
    initUART();          //初始化串口
    InitialAD();            //初始化 ADC
    LED1 = 0;                  //黄灯亮表示系统开始工作
    LED2 = 1;                  //红灯用于指示转换情况
    while(1)
    {
      if(ADCCON1&0x80)
      {
       LED1 = 1;                //转换完毕指示
        temp[1] = ADCL;
        temp[0] = ADCH;
        InitialAD();
        ADCCON1 |= 0x40;              //开始下一转换
        adc |= (uint)temp[1];
        adc |= ( (uint) temp[0] )<<8;
        if(adc&0x8000)adc = 0;
        adc>>=2;
        num = adc*3.3/8192;//定参考电压为 3.3V。14 位分辨率
        adcdata[1] = (char)(num)%10+48;
        adcdata[3] = (char)(num*10)%10+48;
        UartTX_Send_String(adcdata,6);     //串口送数
        delay(30000);
        LED2= 1;                            //完成数据处理
        delay(30000);
      }
    }
}
```

五、考核与评价

实现外部电压值 AVDD 测量项目训练的评分标准如表 6.7 所示。

表 6.7 实现外部电压值 AVDD 测量项目训练的评分标准

一级指标	二级指标	分值	扣分点及扣分原因	扣分	得分
训练过程（80%）	计划与准备	10	做好测试前的准备，不进行清点接线、设备、材料等操作扣除 2 分	5	
			带电拔插元器件扣除 1 分	5	
	电路分析	20	CC2530 引脚功能	5	
			ADC 的工作模式	5	
			ADC 寄存器的设置	5	
			ADC 转换	5	
	代码设计	30	正确建立工程	5	
			编写流程图	5	
			程序设计，包括引用头文件、设计延时程序、初始化 I/O、串口发送字符程序、主程序代码设计等	20	
	职业素养	10	编程过程中及结束后，桌面及地面不符合 6S 基本要求的扣除 3~5 分	10	
		10	对耗材浪费，不爱惜工具，扣除 3 分；损坏工具、设备扣除本大项的 20 分；选手发生严重违规操作或作弊，取消成绩	10	
训练结果（20%）	实作结果及质量	20	工艺和功能验证	10	
			撰写考核记录报告	10	
总计		100			

六、任务小结

ADCCON3 决定了 ADC 输入源的选择。

电压计算公式=ADC/精度*参考电压。

```
Value=（ADCH*256+ADCL）*3.3/8192
```

ADC：把 AD 转换后得到的 ADCL、ADCH 做处理，将 ADCL（低 6 位）放在低字节，ADCH（高 8 位）放在高字节。将一个 uint16 右移两位（最后两位没有用），即得到 14 位 ADC。

精度：根据所选位数，例如本任务位数选 14 位，精度$=2^{13}=8192$。

参考电压：可选内部或者外部。

对于不同厂家的 ADC 转换，主要修改 APCFG 和 ADCCON3 的值，实现程序代码的移植性和通用性。

ADC 转换步骤为：设置为外设 I/O 口（P0SEL |= 0x01）→设置为输入 I/O（P0DIR &= ~0x01）→设置为模拟 I/O（APCFG |= 0x01;）→清 ADC 中断标志（ADCIF = 0;）→设置参考电压（ADCCON3 |= 0x80（采用 AVDD5 引脚,即 3.3V））→选取抽取率（ADCCON3 |= 0x10（采用 9 位采样））→选择工作通道并启动 ADCCON3 |= 0x00（选择 0 通道启动，共 16 个通道）→等待转换完成（while（!ADCIF））→保存数据 signed short value;（value = ADCL >>2; value |=((int)ADCH<<6);）。

注 意

ADC 数据采集只能利用 P0 口实现。

七、参考程序

```c
#include "ioCC2530.h"
#define uint unsigned int
#define uchar unsigned char

//定义控制灯的端口
#define LED1 P1_0//定义 LED1 为 P1_0 口控制
#define LED2 P1_1//定义 LED2 为 P1_1 口控制

void delay(uint);
void initUART(void);
void InitialAD(void);
void UartTX_Send_String(char *Data,int len);


char adcdata[]=" 0.0V\n ";



/*****************************************************************
*函数功能：主函数                    *
*入口参数：无                        *
*返回值：无                          *
*说    明：无                        *
*****************************************************************/
void main(void)
{
  P1DIR |= 0x03;


  char temp[2];
  uint adc;
  float num;
  initUART();        //初始化串口
  InitialAD();          //初始化 ADC
  LED1 = 0;             //黄灯亮表示系统开始工作
  LED2 = 1;            //红灯用于指示转换情况
  while(1)
  {
   if(ADCCON1>=0x80)         //转换完毕判断
    {
     LED1 = 1;          //转换完毕指示

     temp[1] = ADCL;
     temp[0] = ADCH;
```

```
      InitialAD();
      ADCCON1 |= 0x40;              //开始下一转换
      adc |= (uint)temp[1];
      adc |= ( (uint) temp[0] )<<8;
     // if(adc&0x8000)adc = 0;//最高位不能为1
      adc>>=2;
      num = adc*3.3/8192;//定参考电压为3.3V，14位分辨率
      adcdata[1] = (char)(num)%10+48;
      adcdata[3] = (char)(num*10)%10+48;
      UartTX_Send_String(adcdata,6);      //串口送数
      delay(30000);
      LED2= 1;                             //完成数据处理
      delay(30000);
    }
  }
}




/*****************************************************************
*函数功能：延时                        *
*入口参数：定性延时                    *
*返 回 值：无                          *
*说    明：                            *
******************************************************************/
void delay(uint time)
{ uint i;
  uchar j;
  for(i = 0; i < time; i++)
  { for(j = 0; j < 240; j++)
    {  asm("NOP");    // asm是内嵌汇编，nop是空操作，执行一个指令周期
       asm("NOP");
       asm("NOP");
    }
  }
}




/*****************************************************************
*函数功能：初始化串口1                 *
*入口参数：无                          *
*返 回 值：无                          *
*说    明：57600-8-n-1                 *
******************************************************************/
void initUART(void)
{
 CLKCONCMD &= 0x80;            //晶振32MHz

  PERCFG = 0x00;               //位置1 P0口
```

```
    POSEL = 0x0C;              //P0 用作串口

    U0CSR |= 0x80;             //UART 模式
    U0GCR |= 10;               //baud_e = 10;
    U0BAUD |= 216;                    //波特率设为 57 600 波特
    UTX0IF = 1;

    U0CSR |= 0X40;             //允许接收
    IEN0 |= 0x84;              //开总中断，接收中断
}


/********************************************************************
*函数功能：初始化 ADC                              *
*入口参数：无                                      *
*返 回 值：无                                      *
*说    明：参考电压 AVDD，转换对象是 1/3AVDD        *
********************************************************************/
void InitialAD(void)
{

    ADCH &= 0X00;        //清 EOC 标志
    ADCCFG |= 0X80;
    ADCCON3=0xbd;        //单次转换，参考电压为电源电压   //14 位分辨率
    ADCCON1 = 0X30;      //停止 AD
    ADCCON1 |= 0X40;     //启动 AD

}
/********************************************************************
*函数功能：串口发送字符串函数               *
*入口参数：data：数据                       *
*        len：数据长度                      *
*返 回 值：无                               *
*说    明：                                 *
********************************************************************/
void UartTX_Send_String(char *Data,int len)
{
    int j;
    for(j=0; j<len; j++)
    {
        U0DBUF = *Data++;
        while(UTX0IF == 0);
        UTX0IF = 0;
    }
}
```

打开串口调试软件，选择相应的串口，可根据 PC 的设备管理器查看串口，设置波特率为 57 600 波特，校验位 None，数据位为 8，停止位为 1。运行结果如图 6.4 所示。

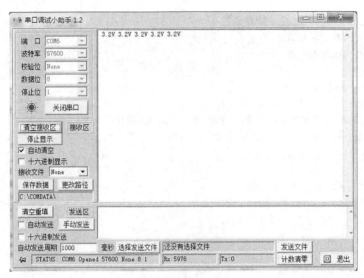

图6.4 运行结果示意

八、启发与思考

中断方式实现 ADC 转换参考程序具体如下。

```c
#include "ioCC2530.h"
#include <string.h>
#define LED1 P1_0      // P1_0定义为P1_0  led灯端口
#define uint16 unsigned short
#define uint32 unsigned long
#define uint unsigned int

unsigned int flag,counter=0; //统计溢出次数
unsigned char s[8]; //定义一个数组大小为8

void InitLED()
{
    P1SEL&=~0X01;              //P1_0 设置为普通的 IO 口 1111 1110
    P1DIR |= 0x01;                //配置 P1_0 的方向为输出
    LED1=0;
}

void adc_Init(void)
{
    APCFG  |=1;
    P0SEL  |= 0x01;
    P0DIR  &= ~0x01;
}
/************************************************
* 名    称：  get_adc
* 功    能：  读取 ADC 通道 0 电压值
* 入口参数：  无
```

```
* 出口参数:   16 位电压值, 分辨率为 10mV
***************获取 ADC 通道 0 电压值***********************/
uint16 get_adc(void)
{
    uint32 value;
    ADCIF = 0;     //清 ADC 中断标志
    //采用基准电压 avdd5:3.3V, 通道 0, 启动 AD 转化
    ADCCON3 = (0x80 | 0x10 | 0x00);
    while ( !ADCIF )
    {
        ;  //等待 AD 转化结束
    }
    value = ADCH;
    value = value<< 8;
    value |= ADCL;
    // AD 值转化成电压值
    // 0 表示 0V , 32768 表示 3.3V
    // 电压值 = (value*3.3)/32768  (V)
    value = (value * 330);
    value = value >> 15;     //除以 32768
    // 返回分辨率为 0.01V 的电压值
    return(uint16)value;
}
/**********串口通信初始化***********************/
void initUART0(void)
{
    PERCFG = 0x00;
    P0SEL = 0x3c;
    U0CSR |= 0x80;
    U0BAUD = 216;
    U0GCR = 10;
    U0UCR |= 0x80;
    UTX0IF = 0; // 清零 UART0 TX 中断标志
    EA = 1;   //使能全局中断
}


/***************************************************
* 函数名称: inittTimer1
* 功    能: 初始化定时器 T1 控制状态寄存器
*****************定时器初始化***********************/
void inittTimer1()
{
    CLKCONCMD &= 0x80;   //时钟速度设置为 32MHz
    T1CTL = 0x0E; // 配置 128 分频, 模比较计数工作模式, 并开始运行
    T1CCTL0 |= 0x04;  //设定 timer1 通道 0 比较模式
    T1CC0L =50000 & 0xFF;    //把 50000 的低 8 位写入 T1CC0L
    T1CC0H = ((50000 & 0xFF00) >> 8); //把 50000 的高 8 位写入 T1CC0H
```

```
        T1IF=0;                 //清除 timer1 中断标志(同 IRCON &= ~0x02)
        T1STAT &= ~0x01;  //清除通道 0 中断标志

        TIMIF &= ~0x40;   //不产生定时器 1 的溢出中断
        //定时器 1 的通道 0 的中断使能 T1CCTL0.IM 默认使能
        IEN1 |= 0x02;       //使能定时器 1 的中断
        EA = 1;             //使能全局中断
}
/******************************************************************
* 函数名称：UART0SendByte
* 功    能：UART0 发送一个字节
* 入口参数：c
* 出口参数：无
* 返 回 值：无
******************************************************************/
void UART0SendByte(unsigned char c)
{
    U0DBUF = c;        //将要发送的 1 字节数据写入 U0DBUF
    while (!UTX0IF) ;  //等待 TX 中断标志，即 U0DBUF 就绪
    UTX0IF = 0;            //清零 TX 中断标志
}


/******************************************************************
* 函数名称：UART0SendString
* 功    能：UART0 发送一个字符串
* 入口参数：*str
* 出口参数：无
* 返 回 值：无
******************************************************************/
void UART0SendString(unsigned char *str)
{
    while(*str != '\0')
    {
        UART0SendByte(*str++);    // 发送一字节
    }
}


/*************获取电压值并处理数据******************/
void Get_val()
{
    uint16 sensor_val;
    sensor_val=get_adc();
    s[0]=sensor_val/100+'0';
    s[1]='.';
    s[2]=sensor_val/10%10+'0';
    s[3]=sensor_val%10+'0';
    s[4]= 'V';
    s[5]= '\n';
```

```
        s[6]= '\0';
}
/***********************************
* 功    能: 定时器 T1 中断服务子程序
***********************************/
#pragma vector = T1_VECTOR //中断服务子程序
__interrupt void T1_ISR(void)
{
    EA = 0;    //禁止全局中断
    counter++;
    T1STAT &= ~0x01;  //清除通道 0 中断标志
    EA = 1;    //使能全局中断
}
/***********************************
* 函数名称: main
* 功    能: main 函数入口
* 入口参数: 无
* 出口参数: 无
* 返 回 值: 无
********************************************/
void main(void)
{
    InitLED();
    inittTimer1();  //初始化 Timer1
    initUART0();  // UART0 初始化
      adc_Init(); // ADC 初始化
    while(1)
    {
        if(counter>=15)      //定时器每 0.2s 溢出中断计次
          {
          counter=0;        //清标志位
          LED1 = 1;     //指示灯点亮
          Get_val();
          UART0SendString("光照传感器电压值   ");
          UART0SendString(s);
          LED1 = 0;    //指示灯熄灭
          }
    }
}
```

任务二 实现电压值 AVDD/3 的测量

一、任务描述

编写程序实现实验板测定芯片外部光敏传感器的电压, 通过串口发送电压值。实验板上安装光敏传感器, 光线的强弱转换成电压的高低, 经 ADC 转换以后通过串口将电压值发送给 PC,

可以通过串口调试软件读取电压值。每次开始 ADC 转换一次，LED 1 点亮。转换完成后 LED 1
熄灭。发送一次电压值的字符串消息，LED 2 点亮一次。具体工作方式如下。

① 通电后，LED1 和 LED2 熄灭。

② UART0 串口初始化。

③ 设置 ADC。

④ LED1 点亮。

⑤ 开启单通道 ADC。

⑥ ADC 对通道 0 进行模数转换测量电压。

⑦ 发送字符串测量电压值。

⑧ LED1 熄灭，LED 2 点亮。

⑨ 延时一段时间。

⑩ 返回步骤④循环执行。

二、任务目标

1. 训练目标

① 检验 CC2530 单片机设置 ADC 模块寄存器技能。

② 检验学生掌握 CC2530 单片机对测量的电压进行转换和设定转换精度的技能。

③ 检验学生掌握 PC 通串口通信发送传感器相关参数的技能。

2. 素养目标

① 培养学生在工作现场的 6S 意识和用电安全意识。

② 爱惜工具，注重场地整洁。

③ 具备积极、主动的探索精神。

三、相关知识

1. 参考电压的选择

本任务与上一个任务主要区别仅仅在于对 ADC 初始化的设置。上一个任务设置 ADCCON3=
0xbd，即参考电压模拟电源电压（3.3V），转换精度 14 位。本任务设置 ADCCON3=0xbf，即参
考电压模拟电源电压（1.1V），转换精度 14 位。

ADCCON1 主要用于 ADC 通用控制，包括转换结束标志、ADC 触发方式、随机数发生器等。

ADCCON2 主要用于连续 ADC 转换的配置。

ADCCON3 用于单次 ADC 转换的配置，包括选择参考电压、分辨率、转换源。

ADCH[7:0]ADC 转换结果的高位，即 ADC[13:6]。

ADCL[7:2]ADC 转换结果的低位，即 ADC[5:0]。

⊙ 注意

ADCCON3 决定了 ADC 输入源的选择。

2. 检测引脚的选择

ADCCON3.SCH 表明 AD 转换时的顺序，其中 0～7 指单端信号（AIN0～AIN7），8～11 指
差分信号，12 是地，13 是内部参考源，14 是内部温度传感器，15 是 AVDD/3。

ADC 转换步骤为：设置参考电压（ADCCON3 |= 0x80（采用 AVDD5 引脚,即 3.3V））→选取抽取率（ADCCON3 |= 0x10（采用 9 位采样））→选择工作通道并启动 ADCCON3 |= 0x00（选择 0 通道启动，共 16 个通道）。

```
ADCCON3 |= 0x00 通道 0~7 对应 P0_0-0_7；ADC 数据采集只能利用 P0 口实现。
ADCCON3 = (0x80 | 0x10 | 0x00); //采用基准电压 avdd5:3.3V，通道 0，启动 AD 转化。
```

单个通道输入时 ADCCON3 最后 4 位分别对应 P0 引脚。

```
0000：AIN0，对应 P0_0。
0001：AIN1，对应 P0_1。
0010：AIN2，对应 P0_2。
0011：AIN3，对应 P0_3。
0100：AIN4，对应 P0_4。
0101：AIN5，对应 P0_5。
0110：AIN6，对应 P0_6。
0111：AIN7，对应 P0_7。
```

差分双通道输入时 ADCCON3 最后 4 位分别对应差分输入。

```
1000：AIN0-AIN1。
1001：AIN2-AIN3。
1010：AIN4-AIN5。
1011：AIN6-AIN7。
```

如果表示温度传感器时，ADCCON3 寄存器的 1110 表示温度传感器输入。

```
ADCCON3 寄存器的 1111 表示 VDD/3 输入，即 1.1V。
```

四、任务实施

1. 电路分析

本任务的与本单元任务一相同，略。

2. 代码设计

（1）建立工程

在项目添加名为"ADC_GZ2.c"的代码文件。

（2）编写代码

根据任务要求，实现外部电压值的测量用流程图进行表示，如图 6.5 所示。

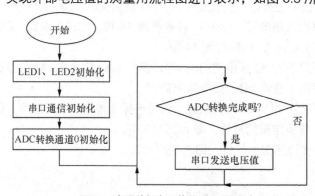

图6.5　实现外部电压值的测量流程

五、考核与评价

实现电压值 AVDD/3 测量项目训练评分标准如表 6.8 所示。

表 6.8 实现电压值 AVDD/3 测量项目训练的评分标准

一级指标	二级指标	分值	扣分点及扣分原因	扣分	得分
训练过程 （80%）	计划与准备	10	做好测试前的准备，不进行清点接线、设备、材料等操作扣除 2 分	5	
			带电拔插元器件扣除 1 分	5	
	电路分析	20	CC2530 引脚功能	5	
			ADC 的工作模式	5	
			ADC 寄存器的设置	5	
			ADC 转换	5	
	代码设计	30	正确建立工程	5	
			编写流程图	5	
			程序设计，包括引用头文件、设计延时程序、初始化 I/O、串口发送字符程序、主程序代码设计等	20	
	职业素养	10	编程过程中及结束后，桌面及地面不符合 6S 基本要求的扣除 3~5 分	10	
		10	对耗材浪费，不爱惜工具，扣除 3 分；损坏工具、设备扣除本大项的 20 分；选手发生严重违规操作或作弊，取消成绩	10	
训练结果 （20%）	实作结果及质量	20	工艺和功能验证	10	
			撰写考核记录报告	10	
总计		100			

六、任务小结

当使用 ADC 时，采集口 Px 必须配置成 ADC 输入作为 8 位 ADC 输入；把 Px 相应的引脚当作 ADC 输入时，寄存器 ADCCFG 相应的位设置为 1，否则寄存器 ADCCFG 的各位初始值为 0。

ADC 完成顺序模/数转换以及把采集到数据送到内存(使用 DMA 模式)而不需要 CPU 的干涉。

 注意

接收数据 adcdata[1] = (char)(num)%10+48 的写法，否则可能导致显示数据不正确。

七、参考程序

```c
#include "ioCC2530.h"
#define uint unsigned int
#define uchar unsigned char

//定义控制灯的端口
#define LED1 P1_0//定义 LED1 为 P2_0 口控制
#define LED2 P1_1//定义 LED2 为 P0_5 口控制

void delay(uint);
void InitUART(void);
void InitialAD(void);
```

```
void UartTX_Send_String(char *Data,int len);

char adcdata[]=" 0.0V\n ";
/*****************************************************************
*函数功能: 主函数                       *
*入口参数: 无                           *
*返 回 值: 无                           *
*说    明: 无                           *
*****************************************************************/
void main(void)
{
  P1DIR |= 0x03;


  char temp[2];
  uint adc;
  float num;
  InitUART();    //初始化串口
  InitialAD();     //初始化 ADC
  LED1 = 1;               //黄灯亮表示系统开始工作
  LED2 = 0;               //红灯用于指示转换情况
  while(1)
  {
    if(ADCCON1&0x80)
    {
     LED1 = 0;           //转换完毕指示
    LED2 = 1;
      temp[1] = ADCL;
      temp[0] = ADCH;
      InitialAD();
      ADCCON1 |= 0x40;        //开始下一转换
      adc |= (uint)temp[1];
      adc |= ( (uint) temp[0] )<<8;
      if(adc&0x8000)adc = 0;
      adc>>=2;
      num = adc*3.3/8192;//定参考电压为 3.3V。14 位分辨率
      adcdata[1] = (char)(num)%10+48; //48 在 ASCII 中是"0"
      adcdata[2] = '.';//个位数后面加"."
      adcdata[3] = (char)(num*10)%10+48; //小数的第一位
      UartTX_Send_String(adcdata,6);     //串口送数
      delay(30000);
      LED2= 1;                              //完成数据处理
      delay(30000);
    }
  }
}



/*****************************************************************
*函数功能: 延时                         *
*入口参数: 定性延时                     *
*返 回 值: 无                           *
```

```
*说    明:                                    *
*****************************************************************/
void delay(uint time)
{ uint i;
  uchar j;
  for(i = 0; i < time; i++)
  { for(j = 0; j < 240; j++)
    {   asm("NOP");     // asm 是内嵌汇编，nop 是空操作，执行一个指令周期
        asm("NOP");
        asm("NOP");
    }
  }
}




/****************************************************************
*函数功能: 初始化串口 1                     *
*入口参数: 无                               *
*返 回 值: 无                               *
*说    明: 57600-8-n-1                      *
*****************************************************************/
void InitUART(void)
{
 CLKCONCMD &= 0x80;              //晶振 32MHz

  PERCFG = 0x00;                 //位置 1 P0 口
  P0SEL = 0x0C;                  //P0 用作串口

  U0CSR |= 0x80;                 //UART 方式
  U0GCR |= 10;                   //baud_e = 10;
  U0BAUD |= 216;                       //波特率设为 57 600
  UTX0IF = 1;

  U0CSR |= 0X40;                 //允许接收
  IEN0 |= 0x84;                  //开总中断，接收中断
}




/****************************************************************
*函数功能: 初始化 ADC                       *
*入口参数: 无                               *
*返 回 值: 无                               *
*说    明: 参考电压 AVDD, 转换对象是 1/3AVDD          *
*****************************************************************/
void InitialAD(void)
{

  ADCH &= 0X00;        //清 EOC 标志
  ADCCFG |= 0X80;
  ADCCON3=0xbd;        //单次转换，参考电压为电源电压
```

```
                 //14 位分辨率
  ADCCON1 = 0X30;    //停止 A/D
  ADCCON1 |= 0X40;//启动 A/D

}
/************************************************************
*函数功能：串口发送字符串函数              *
*入口参数：data：数据                    *
*          len：数据长度                  *
*返 回 值：无                            *
*说    明：                              *
*************************************************************/
void UartTX_Send_String(char *Data,int len)
{
  int j;
  for(j=0;j<len;j++)
  {
    U0DBUF = *Data++;
    while(UTX0IF == 0);
    UTX0IF = 0;
  }
}
```

打开串口调试软件，选择相应的串口，可根据 PC 的设备管理器查看串口，设置波特率为
57 600，校验位 None，数据位为 8，停止位为 1。

八、启发与思考

利用定时器 T3 中断实现，1s 采集数据，具体代码如下。

```
#include "ioCC2530.h"
#define uint unsigned int
#define uchar unsigned char

//定义控制灯的端口
#define LED1 P1_0    //定义 LED1 为 P1_0 口控制
#define LED2 P1_1    //定义 LED2 为 P1_1 口控制

void delay(uint);
void initUART(void);
void InitialAD(void);
void UartTX_Send_String(char *Data,int len);

char adcdata[]=" 0.0V\n ";
char temp[2];
uint adc;
float num;
uint CountFlag;


/************************************************************
*函数功能：初始化串口 1         *
*入口参数：无                   *
```

```
*返回值: 无                    *
*说    明: 57600-8-n-1        *
*****************************************************************/
void InitUART(void)
{
  CLKCONCMD &= 0x80;   //晶振 32MHz

  PERCFG = 0x00;       //位置 1 P0 口
  P0SEL = 0x0C;                //P0 用作串口

  U0CSR |= 0x80;       //UART 模式
  U0GCR |= 10;
  U0BAUD |= 216;       //波特率设为 57 600 波特
  UTX0IF = 1;

  U0CSR |= 0X40;               //允许接收
  IEN0 |= 0x84;                //开总中断, 接收中断
}


/*****************************************************************
*函数功能: 初始化 T3          *
*入口参数: 无                 *
*返 回 值: 无                 *
*说    明: 无                 *
*****************************************************************/
void Timer3_Init(void)
{
  T3CTL |= 0xE0;         //128 分频  128/32000000×N = 1.02ms  N=255
  T3CTL &= ~0x03;        //自动重装 00-->0xff  62500/255=245(次)
  T3CTL |= 0x08 ;        //开溢出中断
  T3IE = 1;              //开总中断和 T3 中断

  T3CTL |= 0x10;         //启动 T3 定时器
  EA = 1;                //开总中断
}


//定时器 T3 中断处理函数
#pragma vector = T3_VECTOR
__interrupt void T3_ISR(void)
{
  IRCON = 0x00;            //清中断标志, 也可由硬件自动完成
  if(CountFlag<980)        //1.02ms×980 = 1s
    CountFlag++;
  else
  {
    CountFlag = 0;
    if(ADCCON1&0x80)
    {
      LED1 = 0;              //转换完毕指示
      temp[1] = ADCL;
```

```
            temp[0] = ADCH;
            InitialAD();
            ADCCON1 |= 0x40;              //开始下一转换
            adc |= (uint)temp[1];
            adc |= ( (uint) temp[0] )<<8;
            if(adc&0x8000)adc = 0;
            adc>>=2;
            num = adc*3.3/8192;                //定参考电压为3.3V，14位分辨率
            adcdata[1] = (char)(num)%10+48;  //48在ASCII中是"0"
            adcdata[2] = '.';                      //个位数后面加"."
            adcdata[3] = (char)(num*10)%10+48;//小数的第一位
            UartTX_Send_String(adcdata,6);    //串口送数
            LED2= 1;                              //完成数据处理
        }
    }
}


/*****************************************************************
*函数功能：主函数               *
*入口参数：无                   *
*返 回 值：无                   *
*说    明：无                   *
*****************************************************************/
void main(void)
{
  P1DIR |= 0x03;
  InitUART();         //初始化串口
  InitialAD();        //初始化ADC
  Timer3_Init();      //初始化T3
  LED1 = 1;           //黄灯亮表示系统开始工作
  LED2 = 0;           //红灯用于指示转换情况
  CountFlag = 0;
  while(1);
}


/*****************************************************************
*函数功能：延时          *
*入口参数：定性延时      *
*返 回 值：无            *
*说    明：             *
*****************************************************************/
void delay(uint time)
{ uint i;
  uchar j;
  for(i = 0; i < time; i++)
  { for(j = 0; j < 240; j++)
     { asm("NOP");    // asm是内嵌汇编，NOP是空操作,执行一个指令周期
       asm("NOP");
       asm("NOP");
```

```
        }
    }
}
/***********************************************************
*函数功能：初始化 ADC              *
*入口参数：无                      *
*返 回 值：无                              *
*说   明：参考电压 AVDD，转换对象是 1/3AVDD        *
***********************************************************/
void InitialAD(void)
{

  ADCH &= 0X00;        //清 EOC 标志
  ADCCFG |= 0X80;
  ADCCON3=0xbd;         //单次转换,参考电压为电源电压
  //14 位分辨率
  ADCCON1 = 0X30;          //停止 A/D
  ADCCON1 |= 0X40;  //启动 A/D


}
/***********************************************************
*函数功能：串口发送字符串函数         *
*入口参数：data：数据               *
*          len：数据长度            *
*返 回 值：无                       *
*说   明：                         *
***********************************************************/
void UartTX_Send_String(char *Data, int len)
{
  int j;
  for(j=0;j<len;j++)
  {
   U0DBUF = *Data++;
   while(UTX0IF == 0);
   UTX0IF = 0;
  }
}
```

CC2530

单元七
看门狗应用

📖 **本单元目标**

知识目标：

- 了解看门狗的特性。
- 理解看门狗的工作原理。
- 掌握看门狗的工作模式。
- 掌握看门狗的编程。

技能目标：

- 根据实际应用配置看门狗。

任务一 看门狗定时器应用

一、任务描述

使用 CC2530 看门狗控制 LED 进行周期性闪烁，实现自动复位。具体要求如下。

① LED 周期性闪烁时间间隔为 1s。

② 看门狗定时器工作于看门狗定时器模式。

二、任务目标

1. 训练目标

① 检验掌握 CC2530 单片机看门狗定时器的使用技能。

② 检验掌握看门狗的特性、作用和相关寄存器配置的技能。

2. 素养目标

① 培养学生在工作现场的 6S 意识和用电安全意识。

② 爱惜工具，注重场地整洁。

③ 具备积极、主动的探索精神。

三、相关知识

看门狗（Watch Dog Timer，WDT）是一种专门用于监测单片机程序运行状态的芯片。其实质是一个计数器，一般给看门狗一个大数，程序开始运行后，看门狗开始倒计数。如果程序运行正常，过一段时间 CPU 应发出指令让看门狗复位，重新开始倒计数。如果看门狗减到 0，就认为程序没有正常工作，将强制整个系统复位。

1. 看门狗的功能

看门狗是在程序跑 "飞" 的情况下，将 CPU 自恢复的一种方式，当软件在选定的时间间隔内不能置位看门狗定时器，看门狗就复位系统。看门狗可用于电噪声、电源故障或静电放电等恶劣工作环境或高可靠性要求的环境。如果系统不需要应用看门狗，则看门狗定时器可配置成间隔定时器，在选定时间间隔内产生中断。

2. CC2530 看门狗的模式

CC2530 的看门狗定时器可工作于定时器模式或看门狗模式。

（1）定时器模式

要在一般定时器模式下设置看门狗定时器，必须把 WDCTL.MODE[1:0]位设置为 11。此时，看门狗定时器就开始工作，且计数器从 0 开始递增。当计数器达到选定间隔值时，CPU 将 IRCON2.WDTIF 置 1。如果 IEN2.WDTIE=1 且 IEN0.EA=1，则定时器将产生一个中断请求（IRCON2.WDTIF/IEN2.WDTIE）。

在定时器模式下，可以通过写入 1 到 WDCTL.CLR[0]来清除定时器内容。当定时器被清除后，计数器的内容就置为 0。写入 00 或 01 到 WDCTL.MODE[1:0]可停止定时器，并对其清零。

定时器间隔由 WDCTL.INT[1:0]位设置。在定时器操作期间，定时器间隔不能改变，且当定时器开始时必须设置。在定时器模式下，当达到定时器间隔时，不会产生复位。

注意

如果选择了看门狗模式，定时器模式不能在芯片复位之前选择。

（2）看门狗模式

在系统复位之后，看门狗定时器就被禁用。要设置看门狗定时器工作于看门狗模式，必须设置 WDCTL.MODE[1:0]位为 10，然后看门狗定时器的计数器从 0 开始递增。在看门狗模式下，一旦看门狗定时器使能，就不可以禁用定时器。因此，如果看门狗定时器已经运行于看门狗模式下，则再向 WDCTL.MODE[1:0]写入 00 或 10 就不起作用了。

看门狗定时器运行于一个频率为 32.768kHz（当使用 32kHz XOSC）的看门狗定时器时钟上。这个时钟频率的超时期限为 1.9ms、15.625ms、0.25s 和 1s，分别对应 64、512、8192 和 32768 的计数值设置。如果计数器达到选定定时器的间隔值，则看门狗定时器为系统产生一个复位信号。如果在计数器达到选定定时器的间隔值之前，执行了一个看门狗清除序列，则计数器复位到 0，并继续递增。看门狗清除序列包括在一个看门狗时钟周期内，写入 0xA 到 WDCTL.CLR[3:0]，然后写入 0x5 到同一个寄存器位。如果这个序列没有在看门狗周期结束之前执行完毕，则看门狗定时器为系统产生一个复位信号。

在看门狗模式下，看门狗定时器使能，就不能通过写入 WDCTL.MODE[1:0]位改变这个模式，且定时器间隔值也不能改变。

在看门狗模式下，看门狗定时器不会产生中断请求。

3. CC2530 看门狗的相关寄存器

CC2530 看门狗的控制寄存器为 WDCTL，其功能描述如表 7.1 表示。

表 7.1 CC2530 看门狗控制寄存器 WDCTL（0xC9）的描述

位	位名称	复位值	操作	描述
7:4	CLR[3:0]	0000	R0/ W	清除定时器。当 0xA 跟随 0x5 写入这些位，定时器被清除（即加载 0）。注意：定时器仅写入 0xA 之后，在一个看门狗时钟周期内写入 0x5 时才被清除。当看门狗定时器是 IDLE 时，写入这些位没有影响。当运行于定时器模式时,定时器可以通过写 1 到 CLR[0]（不管其他 3 位）被清除为 0x0000（但是不停止）
3:2	MODE[1:0]	00	R/W	模式选择。该位用于启动看门狗定时器处于看门狗模式还是定时器模式。当处于定时器模式，设置这些位为 IDLE 将停止定时器。注意：当运行在定时器模式时要转换到看门狗模式，首先停止看门狗定时器，然后启动看门狗定时器处于看门狗模式。当运行于看门狗模式时，写这些位没有影响。 00：IDLE。 01：IDLE（未使用，等于 00 设置）。 10：看门狗模式。 11：定时器模式
1:0	INT[1:0]	00	R/W	定时器间隔选择。这些位选择定时间隔定义为 32MHz 振荡器周期的规定数。注意间隔只能当看门狗定时器处于 IDLE 时改变，因此间隔必须在定时器启动的同时设置。 00：定时周期为 1s，以 32.768kHz 时钟计算。 01：定时周期为 0.25s。 10：定时周期为 15.625ms。 11：定时周期为 1.9ms

四、任务实施

1. 基本设定

本任务是在看门狗模式下实现 LED 闪烁周期 1s 的自动复位功能。

（1）定时时间间隔设置

要设置定时时间间隔为 1s，首先设置系统时钟源振荡周期为 32kHz，可通过时钟控制命令寄存器 CLKCONCMD.OSC32K 位来设定。然后设定看门狗定时器控制寄存器 WDCTL.INT[1:0]为 00（即设定时间间隔为 1s）。设置代码如下。

```
CLKCONCMD &= 0x80;              //系统时钟源选择 32kHz
WDCTL = 0x00;                   //时间间隔 1s
```

（2）看门狗定时器工作模式设置

设置看门狗定时器为看门狗模式，即设置 WDCTL.MODE[1:0]位为 10 。设置代码如下。

```
WDCTL = 0x00;                          //看门狗模式
```

（3）"喂狗"设置

看门狗清除序列包括在一个看门狗时钟周期内，写入 0xA 到 WDCTL.CLR[3:0]，然后写入 0x5 到同一个寄存器位。即对寄存器 WDCTL 进行如下配置。

```
WDCTL |= 0xA0;
WDCTL |= 0x50;
```

但本任务要求 LED 周期性闪烁，自动复位，所以在规定的时间间隔 1s 内不必对其清零（"喂狗"）。

2. 代码设计

对系统的各部分功能分别用函数实现，然后通过主函数调用各函数即可。

（1）LED 初始化

```
/*****************************************************************
 * 函数名称: led_Init
 * 功    能: LED 初始化
 * 入口参数: 无
 * 出口参数: 无
 * 返 回 值: 无
 *****************************************************************/
void led_Init(void)
{
  P1SEL = 0x00;              //P1 为通用 I/O 口
  P1DIR |= 0x01;             //P1_0 输出
  LED1 = 0;  // 熄灭 LED1

}
```

（2）系统时钟初始化

```
/*****************************************************************
 * 函数名称: systemClock_Init
 * 功    能: 系统时钟初始化
 * 入口参数: 无
 * 出口参数: 无
 * 返 回 值: 无
```

```c
************************************************************/
void systemClock_Init(void)
{
    unsigned char clkconcmd,clkconsta;
    CLKCONCMD &= 0x80;

    /* 等待所选择的系统时钟源(主时钟源)稳定 */
    clkconcmd = CLKCONCMD;              //读取时钟控制寄存器 CLKCONCMD
    do
    {
        clkconsta = CLKCONSTA;          //读取时钟状态寄存器 CLKCONSTA
    } while(clkconsta != clkconcmd);   //直到选择的系统时钟源(主时钟源)稳定
}
```

（3）软件延时

```c
/********************************************************************
 * 函数名称: delay
 * 功    能: 软件延时
 * 入口参数: 无
 * 出口参数: 无
 * 返 回 值: 无
 ********************************************************************/

void delay(unsigned int time)
{ unsigned int i;
  unsigned char j;
  for(i = 0; i < time; i++)
  {  for(j = 0; j < 240; j++)
     {  asm("NOP");       // asm 是内嵌汇编，NOP 是空操作，执行一个指令周期
        asm("NOP");
        asm("NOP");
     }
  }
}
```

（4）看门狗初始化

```c
/********************************************************************
 * 函数名称: watchdog_Init
 * 功    能: 看门狗初始化
 * 入口参数: 无
 * 出口参数: 无
 * 返 回 值: 无
 ********************************************************************/
void watchdog_Init(void)
{
    WDCTL = 0x00;                  //看门狗模式，时间间隔 1s
    WDCTL |= 0x08;                 //启动看门狗
}
```

（5）"喂狗"

```c
/********************************************************************
 * 函数名称: FeedWD
```

```
 *  功    能："喂狗"
 *  入口参数: 无
 *  出口参数: 无
 *  返 回 值: 无
 ***********************************************************/
void FeedWD(void)
{
  WDCTL |= 0xA0;
  WDCTL |= 0x50;
}
```

（6）主程序

```
/***********************************************************
 *  函数名称: main
 *  功    能: main 函数入口
 *  入口参数: 无
 *  出口参数: 无
 *  返 回 值: 无
 ***********************************************************/
void main(void)
{
  systemClock_Init();
  led_Init();
  watchdog_Init();
  delay(30000);        //延时小于 1s。若大于 1s，会出现什么情况
  LED1 =1;             //亮 LED1
  while(1)
  {
    FeedWD();          //"喂狗"指令（加入后系统不复位，小灯不闪烁；若注释，则系统不断
                       //复位，LED 每隔 1s 闪烁一次）
  }
}
```

编译并生成目标代码，下载到实验板上运行，观察 LED 的显示效果，也可使用示波器观察 LED 控制引脚的信号输出。

五、考核与评价

看门狗定时器应用项目训练的评分标准如表 7.2 所示。

表 7.2 看门狗定时器应用项目训练的评分标准

一级指标	二级指标	分值	扣分点及扣分原因	扣分	得分
训练过程（80%）	计划与准备	10	做好测试前的准备，不进行清点接线、设备、材料等操作扣除 2 分	5	
			带电拔插元器件扣除 1 分	5	
	电路分析	20	CC2530 引脚功能	5	
			LED 灯与 CC2530 引脚的关系	5	
			LED 灯与电平的关系	5	
			看门狗定时器的设置	5	

（续表）

一级指标	二级指标	分值	扣分点及扣分原因	扣分	得分
训练过程（80%）	代码设计	30	正确建立工程	5	
			编写流程图	5	
			程序设计，包括引用头文件、设计延时程序、初始化 I/O、定时程序设计、主程序代码设计等	20	
	职业素养	10	编程过程中及结束后，桌面及地面不符合 6S 基本要求的扣除 3~5 分	10	
		10	对耗材浪费，不爱惜工具，扣 3 分；损坏工具、设备扣除本大项的 20 分；选手发生严重违规操作或作弊，取消成绩	10	
训练结果（20%）	实作结果及质量	20	工艺和功能验证	10	
			撰写考核记录报告	10	
总计		100			

六、任务小结

看门狗定时器工作于看门狗或定时器两种模式。

在定时器模式下，它就相当于普通的定时器，达到定时间隔会产生中断（查阅 ioCC2530.h 文件可知，其中断向量为 WDT_VECTOR）。通过 WDCTL.MODE 位可进行看门狗定时器模式选择。

七、参考程序

以查询方式实现，程序代码具体如下。

```
#include "ioCC2530.h"
#define LED1 P1_0    // P1_0 定义为 LED1

/************************************************************
函数名称：led_Init
功能：LED 初始化
入口参数：无
出口参数：无
返回值：无
************************************************************/
void led_Init(void)
{
  P1SEL  = 0x00;            //P1 为通用 IO
  P1DIR |= 0x01;            //P1_0 输出
  LED1 = 0;                 //熄灭 LED1
}


/************************************************************
函数名称：systemClock_Init
功  能：系统时钟初始化
入口参数：无
```

出口参数：无
返 回 值：无
/***/
```c
void systemClock_Init(void)
{
  unsigned char clkconcmd,clkconsta;
  CLKCONCMD &= 0x80;
  /* 等待所选择的系统时钟源（主时钟源）稳定 */
  clkconcmd = CLKCONCMD;          //读取时钟控制寄存器 CLKCONCMD
  do
  {
    clkconsta = CLKCONSTA;        //读取时钟状态寄存器 CLKCONSTA
  } while(clkconsta != clkconcmd); //直到选择的系统时钟源（主时钟源）稳定
}
```

/***
函数名称：delay
功　　能：软件延时
入口参数：time——延时时间长短
出口参数：无
返 回 值：无
***/
```c
void delay(unsigned int time)
{ unsigned int i;
unsigned char j;
for(i = 0; i < time; i++)
{ for(j = 0; j < 240; j++)
{ asm("NOP");  // asm 是内嵌汇编，NOP 是空操作，执行一个指令周期
asm("NOP");
asm("NOP");
}
}
}
```

/***
函数名称：watchdog_Init
功　　能：看门狗初始化
入口参数：无
出口参数：无
返 回 值：无
***/
```c
void watchdog_Init(void)
{
  WDCTL = 0x00;                 //看门狗模式，时间间隔 1s
  WDCTL |= 0x08;                //启动看门狗
}
```

/***
函数名称：FeedWD
功　　能："喂狗"

```
入口参数：无
出口参数：无
返回值：无
************************************************************/
void FeedWD(void)
{
  WDCTL |= 0xA0;
  WDCTL |= 0x50;
}


/**********************************************************
函数名称：main
功   能：程序主函数
入口参数：无
出口参数：无
返回值：无
************************************************************/
void main(void)
{
  systemClock_Init();
  led_Init();
  watchdog_Init();
  delay(3000);          //延时小于1s
  LED1 =1;              //亮 LED1
  while(1)
  {
    // FeedWD();         //系统不断复位，小灯每隔1s闪烁一次
  }
}
```

八、启发与思考

以定时器中断方式实现程序代码如下。

```
#include <ioCC2530.h>

typedef unsigned char uchar;
typedef unsigned int uint;
typedef unsigned long ulong;

#define LED1 P1_0            //P1.0 口控制 LED1
#define LED2 P1_1            //P1.1 口控制 LED2
/**********************************************************
* 名    称：DelayMS()
* 功    能：以毫秒为单位延时，16MHz 时约为535,系统时钟不修改默认为16MHz
* 入口参数：msec 延时参数，值越大，延时越久
* 出口参数：无
************************************************************/
void DelayMS(uint msec)
{
    uint i,j;
```

```
        for (i=0; i<msec; i++)
            for (j=0; j<535; j++);
}


/**************************************************************
* 名    称: InitLed()
* 功    能: 设置 LED 灯相应的 I/O 口
* 入口参数: 无
* 出口参数: 无
**************************************************************/
void InitLed(void)
{
    P1DIR |= 0x03;              //P1_0 定义为输出口
    LED1 = 1;                   //LED1 灯上电默认为熄灭
}


/**************************************************************
* 名    称: SysPowerMode()
* 功    能: 设置系统工作模式
* 入口参数: mode 等于 0 表示 PM0，1 表示 PM1，2 表示 PM2，3 表示 PM3
* 出口参数: 无
**************************************************************/
void SysPowerMode(uchar mode)
{
    if(mode < 4)
    {
        SLEEPCMD |= mode;      //设置系统睡眠模式
        PCON = 0x01;           //进入睡眠模式，通过中断唤醒
    }
    else
        PCON = 0x00;           //通过中断唤醒系统
}


/**************************************************************
* 名    称: ST_ISR(void) 中断处理函数
* 描    述: #pragma vector = 中断向量，紧接着是中断处理程序
**************************************************************/
#pragma vector = ST_VECTOR
__interrupt void ST_ISR(void)
{
    STIF = 0;                  //清标志位
    SysPowerMode(4);           //进入正常工作模式
}


/**************************************************************
* 名    称: InitSleepTimer ()
* 功    能: 初始化睡眠定时器,设定后经过指定时间自行唤醒
* 入口参数: 无
* 出口参数: 无
```

```
*********************************************************************/
void InitSleepTimer(void)
{
    ST2 = 0X00;
    ST1 = 0X0F;
    ST0 = 0X0F;
    EA = 1;        //开中断
    STIE = 1;      //睡眠定时器中断使能，0 表示中断禁止，1 表示中断使能
    STIF = 0;      //睡眠定时器中断标志，0 表示无中断未决，1 表示中断未决
}

/********************************************************************
* 名    称: Set_ST_Period()
* 功    能: 设置睡眠时间
* 入口参数: sec 睡眠时间
* 出口参数: 无
*********************************************************************/
void Set_ST_Period(uint sec)
{
    ulong sleepTimer = 0;

    sleepTimer |= ST0;
    sleepTimer |= (ulong)ST1 << 8;
    sleepTimer |= (ulong)ST2 << 16;
    sleepTimer += ((ulong)sec * (ulong)32768);
    ST2 = (uchar)(sleepTimer >> 16);
    ST1 = (uchar)(sleepTimer >> 8);
    ST0 = (uchar) sleepTimer;
}


/********************************************************************
* 程序入口函数
*********************************************************************/
void main(void)
{      uchar i=0;

    InitLed();                //设置 LED 灯相应的 I/O 口
    InitSleepTimer();         //初始化睡眠定时器

    while(1)
    {
        for (i=0; i<6; i++)   //LED1 闪烁 3 次，提醒用户将进入睡眠模式
        {
            LED1 = ~LED1;
            DelayMS(500);
        }

        Set_ST_Period(5);     //设置睡眠时间,睡眠 5s 后唤醒系统
        SysPowerMode(2);      //重新进入睡眠模式 PM2
        LED2 = ~LED2;
    }
}
```

任务二   "喂狗"应用

一、任务描述

使用 CC2530 看门狗来控制 LED1 进行周期性闪烁，实现自动复位。具体要求如下。

① LED1 周期性闪烁时间间隔为 1s。

② 看门狗定时器工作于看门狗模式。

二、任务目标

1. 训练目标

① 检验掌握 CC2530 单片机看门狗定时器的使用技能。

② 检验掌握看门狗的特性、作用和相关寄存器配置的技能。

③ 检验掌握看门狗喂狗应用的能力。

2. 素养目标

① 培养学生在工作现场的 6S 意识和用电安全意识。

② 爱惜工具，注重场地整洁。

③ 具备积极、主动的探索精神。

三、相关知识

1. 看门狗应用

看门狗是专门监测单片机程序运行状态的电路结构。其基本原理是：启动看门狗定时器后，它就会从 0 开始计数，若程序在规定的时间间隔内没有及时对其清零，看门狗定时器就会复位系统。在看门狗模式下，当达到定时间隔时，不会产生中断，取而代之的是向系统发送一个复位信号。

2. CC2530 看门狗的配置

当启动看门狗定时器后，它就会从 0 开始计数，若程序在规定的时间间隔内没有及时对其清零（喂狗），看门狗定时器就会复位系统（相当于重启），如图 7.1 所示。

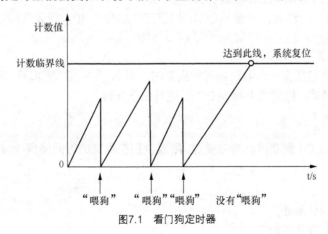

图7.1　看门狗定时器

在看门狗模式下，看门狗一旦被使能，就不能通过改变 WDCTL.MODE[1:0]来改变该模式，而且选定的计数器最终计数值也不能被改变。位域的值在看门狗模式下，看门狗不会产生中断请求。若"喂狗"超时，则向系统发送一个重置信号。

设置 WDCTL.MODE[1:0]位为 11，则看门狗定时器工作于定时器模式，看门狗定时器的计数器从 0 开始递增。当计数器达到选定间隔值时，CPU 将 IRCON2.WDTIF 置 1。如果 IEN2.WDTIE=1 且 IEN0.EA=1，则看门狗定时器将产生一个中断请求（IRCON2.WDTIF/IEN2.WDTIE）。

3. "喂狗"应用

看门狗的使用可以总结为：选择模式→选择定时器间隔→"放狗"→"喂狗"。看门狗定时器工作在看门狗或定时器模式。本任务要求选择看门狗模式。

定时器启动之后，就会从 0 开始计数。在其计数值达到 32 768 之前（即小于 1s），若用以下代码喂狗。

```
WDCTL=0x0A;
WDCTL=0x05;
```

则定时器的计数值会被清零，然后它会再次从 0x0000 开始计数，这样就防止了其发送复位信号，表现在开发板上就是 LED 一直亮着，不会闪烁。

喂狗程序一定要严格与上述代码一致，顺序颠倒、写错、少写一句都将起不到清零的作用。

四、任务实施

1. 基本设定

本任务是在看门狗模式下实现 LED 闪烁周期 1s 的自动复位功能。

（1）定时时间间隔设置

要设置定时时间间隔为 1s，首先设置系统时钟源振荡周期为 32kHz，可通过时钟控制寄存器 CLKCONCMD.OSC32K 位来设定，然后设定看门狗定时器控制寄存器 WDCTL.INT[1:0]为 00 设定时间间隔为 1s。设置代码如下。

```
CLKCONCMD &= 0x80;          //系统时钟源选择 32kHz
WDCTL = 0x00;               //时间间隔 1s
```

（2）看门狗定时器 WDT 工作模式设置

设置 WDT 为看门狗模式，设置 WDCTL.MODE[1:0]位为 10。设置代码如下。

```
WDCTL = 0x00;                        //看门狗模式
```

（3）"喂狗"设置

看门狗清除序列包括在一个看门狗时钟周期内，写入 0xA 到 WDCTL.CLR[3:0]，然后写入 0x5 到同一个寄存器位。即对寄存器 WDCTL 进行如下配置。

```
WDCTL |= 0xA0;
WDCTL |= 0x50;
```

但本任务要求 LED1 周期闪烁自动复位，所以我们在规定的时间间隔 1s 内不必对其清零（喂狗）。

2. 代码设计

（1）看门狗初始化函数

看门狗初始化函数代码如下。

```
void watchdog_Init(void)
{
  WDCTL = 0x00;                    //看门狗模式，时间间隔一秒
  WDCTL |= 0x08;                   //启动看门狗
}
```

（2）"喂狗"函数

"喂狗"函数代码如下。

```
void FeedWD(void)
{
  WDCTL |= 0xA0;
  WDCTL |= 0x50;
}
```

（3）主函数

主函数的具体代码如下。

```
void main(void)
{
  systemClock_Init();
  led_Init();
  watchdog_Init();
  delay(3000);    //延时小于1s，若大于1s，会出现什么情况
  LED1 =1;        //亮LED1
  while(1)
  {
    FeedWD();           //系统不断复位，小灯每隔1s闪烁一次）
  }
}
```

编译并生成目标代码，下载到实验板上运行，观察 LED 的显示效果。也可使用示波器观察 LED 控制引脚的信号输出。

五、考核与评价

看门狗喂狗应用项目训练的评分标准如表 7.3 所示。

表 7.3　看门狗喂狗应用项目训练的评分标准

一级指标	二级指标	分值	扣分点及扣分原因	扣分	得分
训练过程（80%）	计划与准备	10	做好测试前的准备，不进行清点接线、设备、材料等操作扣除 2 分	5	
			带电拔插元器件扣除 1 分	5	
	电路分析	20	CC2530 引脚功能	5	
			LED 灯与 CC2530 引脚的关系	5	
			LED 灯与电平的关系	5	
			看门狗模式的设置	5	
	代码设计	30	正确建立工程	5	
			编写流程图	5	
			程序设计，包括引用头文件、设计延时程序、初始化 I/O、"喂狗"程序设计、主程序代码设计等	20	

（续表）

一级指标	二级指标	分值	扣分点及扣分原因	扣分	得分
训练过程（80%）	职业素养	10	编程过程中及结束后，桌面及地面不符合 6S 基本要求的扣除 3~5 分	10	
		10	对耗材浪费，不爱惜工具，扣除 3 分；损坏工具、设备扣除本大项的 20 分；选手发生严重违规操作或作弊，取消成绩	10	
训练结果（20%）	实作结果及质量	20	工艺和功能验证	10	
			撰写考核记录报告	10	
总计		100			

看门狗喂狗应用训练评分标准如表 7.4 所示。

表 7.4　看门狗喂狗应用训练评分标准

一级指标	二级指标	分值	扣分点及扣分原因	扣分	得分
训练过程（80%）	计划与准备	10	做好测试前的准备，不进行清点接线、设备、材料等操作扣除 2 分	5	
			带电拔插元器件扣除 1 分	5	
	电路分析	20	CC2530 引脚功能	5	
			LED 灯与 CC2530 引脚的关系	5	
			LED 灯与电平的关系	10	
	代码设计	30	正确建立工程	5	
			编写流程图	5	
			程序设计，包括引用头文件、设计延时程序、初始化 I/O、主程序代码设计等	20	
	职业素养	10	编程过程中及结束后，桌面及地面不符合 6S 基本要求的扣除 3~5 分	10	
		10	对耗材浪费，不爱惜工具，扣除 3 分；损坏工具、设备扣除本大项的 20 分；选手发生严重违规操作或作弊，取消成绩	10	
训练结果（20%）	实作结果及质量	20	工艺和功能验证	10	
			撰写考核记录报告	10	
总计		100			

六、任务小结

在看门狗模式下，当达到定时间隔时，不会产生中断，取而代之的是向系统发送一个复位信号。看门狗的使用流程：选择模式→选择定时器间隔→"放狗"→"喂狗"。

"喂狗"程序一定要严格按照选择模式→选择定时器间隔→"放狗"→"喂狗"顺序，顺序颠倒、写错、少写一句，都将起不到清零的作用。

七、参考程序

以查询方式实现，程序代码具体如下。

```c
#include "ioCC2530.h"
#define LED1 P1_0        // P1_0 定义为 LED1
#define LED2 P1_1        // P1_0 定义为 LED2


/*************************************************************
函数名称：led_Init
功    能：LED 初始化
入口参数：无
出口参数：无
返 回 值：无
*************************************************************/
void led_Init(void)
{
  P1SEL = 0x00;              //P1 为通用 I/O
  P1DIR |= 0x01;             //P1_0 输出
  LED1 = 0;                  //熄灭 LED
}



/*************************************************************
函数名称：systemClock_Init
功    能：系统时钟初始化
入口参数：无
出口参数：无
返 回 值：无
*************************************************************/
void systemClock_Init(void)
{
  unsigned char clkconcmd,clkconsta;
  CLKCONCMD &= 0x80;
  /* 等待所选择的系统时钟源（主时钟源）稳定 */
  clkconcmd = CLKCONCMD;          //读取时钟控制寄存器 CLKCONCMD
  do
  {
    clkconsta = CLKCONSTA;        //读取时钟状态寄存器 CLKCONSTA
  } while(clkconsta != clkconcmd); //直到选择的系统时钟源（主时钟源）稳定
}


/*************************************************************
函数名称：delay
功    能：软件延时
入口参数：time——延时时间长短
出口参数：无
返 回 值：无
*************************************************************/
void delay(unsigned int time)
```

```
{ unsigned int i;
unsigned char j;
for(i = 0; i < time; i++)
{  for(j = 0; j < 240; j++)
{ asm("NOP");   // asm 是内嵌汇编，NOP 是空操作，执行一个指令周期
asm("NOP");
asm("NOP");
}
}
}


/*****************************************************************
函数名称：watchdog_Init
功    能：看门狗初始化
入口参数：无
出口参数：无
返 回 值：无
*****************************************************************/
void watchdog_Init(void)
{
  WDCTL = 0x00;                 //看门狗模式，时间间隔为 1s
  WDCTL |= 0x08;                //启动看门狗
}


/*****************************************************************
函数名称：FeedWD
功    能：喂狗
入口参数：无
出口参数：无
返 回 值：无
*****************************************************************/
void FeedWD(void)
{
  WDCTL |= 0xA0;
  WDCTL |= 0x50;
}


/*****************************************************************
函数名称：main
功    能：程序主函数
入口参数：无
出口参数：无
返 回 值：无
*****************************************************************/
void main(void)
{
  systemClock_Init();
  led_Init();
  watchdog_Init();
  delay(3000);     //延时小于 1s，若大于 1s，会出现什么情况
```

```
  LED1 =1;              //亮 LED
  while(1)
  {
    FeedWD();           //系统不断复位，LED 灯每隔 1s 闪烁一次
  }
}
```

八、启发与思考

以定时器中断方式实现程序代码如下。

```c
#include "ioCC2530.h"
#define LED1 P1_0      // P1_0 定义为 LED1

typedef unsigned char uchar;
typedef unsigned int  uint;
typedef unsigned long ulong;



/*****************************************************************
函数名称：led_Init
功    能：LED 初始化
入口参数：无
出口参数：无
返 回 值：无
*****************************************************************/
void led_Init(void)
{
  P1SEL  = 0x00;         //P1 为普通 I/O 口
  P1DIR |= 0x01;         //P1_0 输出
  LED1 = 0;              //熄灭 LED
}


/*****************************************************************
函数名称：systemClock_Init
功    能：系统时钟初始化
入口参数：无
出口参数：无
返 回 值：无
*****************************************************************/
void systemClock_Init(void)
{
  unsigned char clkconcmd,clkconsta;
  CLKCONCMD &= 0x80;
  /* 等待所选择的系统时钟源(主时钟源)稳定 */
  clkconcmd = CLKCONCMD;      //读取时钟控制寄存器 CLKCONCMD
  do
  {
    clkconsta = CLKCONSTA;    //读取时钟状态寄存器 CLKCONSTA
  } while(clkconsta != clkconcmd); //直到选择的系统时钟源（主时钟源）稳定
}
```

```
/****************************************************************
函数名称: delay
功    能: 软件延时
入口参数: time——延时时间长短
出口参数: 无
返 回 值: 无
****************************************************************/
void delay(unsigned int time)
{ unsigned int i;
unsigned char j;
for(i = 0; i < time; i++)
{  for(j = 0; j < 240; j++)
{ asm("NOP");   // asm 是内嵌汇编, NOP 是空操作,执行一个指令周期
asm("NOP");
asm("NOP");
}
}
}


/****************************************************************
函数名称: watchdog_Init
功    能: 看门狗初始化
入口参数: 无
出口参数: 无
返 回 值: 无
****************************************************************/
void watchdog_Init(void)
{
  WDCTL = 0x00;                //看门狗模式, 时间间隔 1s
  WDCTL |= 0x08;               //启动看门狗
}


/****************************************************************
函数名称: FeedWD
功    能: "喂狗"
入口参数: 无
出口参数: 无
返 回 值: 无
****************************************************************/
void FeedWD(void)
{
  WDCTL |= 0xA0;
  WDCTL |= 0x50;
}


/****************************************************************
* 名    称: InitSleepTimer ()
* 功    能: 初始化睡眠定时器,设定后经过指定时间自行唤醒
* 入口参数: 无
```

```
*  出口参数：无
*****************************************************************/
void InitSleepTimer(void)
{
    ST2 = 0X00;
    ST1 = 0X0F;
    ST0 = 0X0F;
    EA = 1;          //开中断
    STIE = 1;
    STIF = 0;
}


/*****************************************************************
*  名    称：Set_ST_Period()
*  功    能：设置睡眠时间
*  入口参数：sec 睡眠时间
*  出口参数：无
*****************************************************************/
void Set_ST_Period(uint sec)
{
    ulong sleepTimer = 0;

    sleepTimer |= ST0;
    sleepTimer |= (ulong)ST1 <<  8;
    sleepTimer |= (ulong)ST2 << 16;
    sleepTimer += ((ulong)sec * (ulong)16000);
    ST2 = (uchar)(sleepTimer >> 16);
    ST1 = (uchar)(sleepTimer >> 8);
    ST0 = (uchar) sleepTimer;
}


/*****************************************************************
*  名    称：ST_ISR(void) 中断处理函数
*  描    述：#pragma vector = 中断向量，紧接着是中断处理程序
*****************************************************************/
#pragma vector = ST_VECTOR
__interrupt void ST_ISR(void)
{
    STIF = 0;            //清标志位
    FeedWD();
    Set_ST_Period(1);
}


/*****************************************************************
函数名称：main
功    能：程序主函数
入口参数：无
出口参数：无
返 回 值：无
*****************************************************************/
```

```
void main(void)
{
  systemClock_Init();
  led_Init();
  watchdog_Init();
  delay(3000);        //延时小于 1s，若大于 1s，会出现什么情况
  LED1 =1;            //亮 LED
  InitSleepTimer();   //初始化睡眠定时器
  Set_ST_Period(1);   //设置睡眠时间，睡眠 5s 后唤醒系统
  while(1)
  {
  }
}
```

CC2530

Chapter

8

单元八
电源低功耗管理应用

📖 **本单元目标**

知识目标：

- 了解电源低功耗管理的作用。
- 理解电源低功耗管理的运行模式。
- 掌握电源低功耗管理的振荡器和时钟。

技能目标：

- 根据实际应用配置和运用睡眠定时器。
- 选择电源的运行模式。

系统睡眠和定时器唤醒

一、任务描述

熟悉 CC2530 芯片的各种功耗模式，以及各种功耗模式之间的切换方法，实现 CC2530 低功耗运行。具体要求如下。

系统初始化后处于主动模式，设置定时器让系统在设定的时间被唤醒，每次唤醒 LED1 闪烁 3 次，以提示用户。

二、任务目标

1. 训练目标

① 检验 CC2530 单片机电源的运行模式、各运行模式之间切换的技能。

② 检验学生对寄存器进行配置的技能。

③ 检验掌握选择系统时钟源的技能。

2. 素养目标

① 培养学生在工作现场的 6S 意识和用电安全意识。

② 爱惜工具，注重场地整洁。

③ 具备积极、主动的探索精神。

三、相关知识

睡眠定时器用来设置系统进入和退出低功耗睡眠模式的时间。睡眠定时器还用于当进入低功耗睡眠模式时，保持定时器 2 的定时。

1. 低功耗的运行模式

CC2530 有 5 种不同的运行模式（供电模式），分别为主动模式、空闲模式、PM1、PM2 和 PM3。不同的供电模式对系统运行的影响如表 8.1 所示，其中还给出了稳压器和振荡器选择。主动模式是一般模式，越靠后，被关闭的功能越多，功耗也越低，PM3 具有最低的功耗。

表 8.1 CC2530 的供电模式

供电模式	高频振荡器	低频振荡器	稳压器（数字）
配置	A　32MHz　XOSC B　16MHz　RCOSC	C　32kHz　XOSC D　32kHz　RCOSC	
主动/空闲模式	A 或 B	C 或 D	开
PM1	无	C 或 D	开
PM2	无	C 或 D	关
PM3	无	无	关

主动模式：完全功能模式。稳压器的数字内核开启，16MHz RC 振荡器或 32MHz 晶体振荡器运行，或者两者都运行。32kHz RCOSC 振荡器或 32kHz XOSC 运行。

空闲模式：除 CPU 内核停止运行（即空闲外），其他功能和主动模式一样。

PM1：高频晶振（16MHz 或 32MHz）关闭，低频晶振（32.768kHz RCOSC/XOSC）工作，数字核心模块正常工作。

PM2：低频晶振（32.768KHz RCOSC/XOSC）工作，数字核心模块关闭，系统通过 RESET，外部中断或睡眠计数器溢出唤醒。

PM3：晶振全部关闭，数字核心模块关闭，系统只能通过 RESET 或外部中断唤醒。

2. CC2530 睡眠定时器比较

CC2530 睡眠定时器是一个运行于 32kHz 时钟（RC 或晶体振荡器）的 24 位定时器。定时器在复位后立即启动并连续运行不间断。定时器的当前值可以从 SFR 寄存器 ST2:ST1:ST0 中读取。

睡眠定时器具有比较和捕获两种模式。这里主要介绍睡眠定时器的比较模式。

当定时器的值等于 24 位比较器的值，就发生一次定时器比较，可通过写入寄存器 ST2:ST1:ST0 来设置比较值。当 STLOAD.LDRDY 为 1 时，写入 ST0 会启动装载新的比较值，即将最新的比较值写入 ST2、ST1 和 ST0 寄存器。在装载新的比较值的过程中，STLOAD.LDRDY 是 0，软件不能启动一个新的加载。因此，在读取 ST1 和 ST2 前必须先读取 ST0 寄存器，以捕获一个正确的睡眠定时器计数值。当发生定时器比较时，中断标志 STIF 被置位。每次系统时钟，检测到一个 32kHz 时钟的正边沿，当系统从 PM1/2/3（系统时钟关闭）返回时，ST2:ST1:ST0 中的睡眠定时器值就不进行更新。为了确保读出值为最新值，在读取睡眠定时器值之前，可通过轮询 SLEEPSTA.CLK32K 位，等待 32kHz 时钟的正边沿。

睡眠定时器中断的中断使能位是 IEN0.STIE，中断标志位是 IRCON.STIF。

当运行在除 PM3 之外的所有功耗模式下，睡眠定时器都将开始运行。因此，在 PM3 模式下，睡眠定时器的值不保存。在 PM1 和 PM2 模式下，睡眠定时器比较事件用于唤醒设备并返回主动模式的主动操作。复位后比较值的默认值是 0xFFFFFF。

睡眠定时器比较还可以用来作为一个 DMA 触发。注意：进入 PM2 模式时，如果电源电压下降到低于 2V，则睡眠定时器间隔可能会受到影响。

3. CC2530 电源管理的相关寄存器

CC2530 电源管理寄存器有：供电模式控制寄存器 PCON、睡眠模式控制寄存器 SLEEPCMD、睡眠计数器 STx，如表 8.2 所示。在进入 PM2 或 PM3 时，所有寄存器位保留它们之前的值。

表 8.2　电源管理寄存器

寄存器	作用	描述
PCON（0x87）	供电模式控制	Bit[0]供电模式控制。写 1 到该位强制设备进入 SLEEP.MODE（注意 MODE=0x00 且 IDLE=1 将停止 CPU 内核活动）设置的供电模式。该位读出来一直是 0。当活动时，所有的使能中断将清除位，设备将重新进入主动模式
SLEEPCMD（0xBE）	睡眠模式控制	Bit[1:0]供电模式设置。 00：主动/空闲模式；　　　　　01：供电模式 1； 10：供电模式 2；　　　　　　11：供电模式 3
ST0		睡眠计数器数据 Bit[7:0]
ST1		睡眠计数器数据 Bit[15:8]
ST2		睡眠计数器数据 Bit[23:16]

使用睡眠定时器读的流程为：读 ST0→读 ST1→读 ST2。写的流程必须遵循：写 ST2→写 ST1→写 ST0。

设置睡眠时间的具体配置如下。

```
sleepTimer |= ST0;
sleepTimer |= (ulong)ST1 << 8;
sleepTimer |= (ulong)ST2 << 16;
sleepTimer += ((ulong)sec * (ulong)32768);
ST2 = (uchar)(sleepTimer >> 16);
ST1 = (uchar)(sleepTimer >> 8);
ST0 = (uchar) sleepTimer;
```

配置完毕后，sleepTimer 与 ST2<<16|ST1<<8|ST0 之差即为睡眠秒数。

4. CC2530 振荡器和时钟

CC2530 有一个内部系统时钟（或主时钟）。该系统时钟的源既可以用 16MHz RC 振荡器，也可以采用 32MHz 晶体振荡器。时钟的控制可以使用 CLKCONCMD SFR 寄存器执行。此外，还有一个 32MHz 时钟源，可以是 RC 振荡器或晶振，也由 CLKCONCMD 寄存器控制。CLKCONSTA 寄存器是一个只读寄存器，用于获得当前时钟状态。振荡器可以选择高精度的晶体振荡器，也可以选择低功耗的高频 RC 振荡器。注意：运行 RF 收发器，必须使用 32MHz 晶体振荡器。带可用时钟源的时钟系统如图 8.1 所示。

（1）振荡器

设备有两个高频振荡器，具体如下。

① 32MHz 晶振。

② 16MHz RC 振荡器。

32MHz 晶振的启动时间对一些应用来说可能比较长，因此设备可以运行在 16MHz RC 振荡器下，直到晶振稳定。16MHz RC 振荡器的功耗低于晶振，但是由于它不像晶振那么精确，不能用于 RF 收发器操作。

设备有两个低频振荡器，具体如下。

① 32kHz 晶振。

② 32kHz RC 振荡器。

32kHz XOSC 用于运行在 32.768kHz，为系统需要的时间精度提供一个稳定的时钟信号。校准时 32kHzRCOSC 运行在 32.753kHz。校准只能发生在 32kHz XOSC 使能的时候，这个校准可以通过使能 SLEEPCMD.OSC32K_CALDIS 位禁用。与 32kHz XOSC 解决方案相比，32kHz RCOSC 振荡器应用于降低成本和电源消耗的项目中。这两个 32kHz 振荡器不能同时运行。

（2）系统时钟

系统时钟是从所选的主系统时钟源获得的，主系统时钟源可以是 32MHz XOSC 或 16MHz RCOSC。CLKCONCMD.OSC 位用于选择主系统时钟的源。要使用 RF 收发器，必须选择高速且稳定的 32MHz 晶振。改变 CLKCONCMD.OSC 位不会立即改变系统时钟。时钟源的改变当在 CLKCONSTA.OSC =CLKCONCMD.OSC 时生效。这是因为在实际改变时钟源之前需要有稳定的时钟。CLKCONCMD.CLKSPD 位反映系统时钟的频率，因此是 CLKCONCMD.OSC 位的映像。选择 32MHz XOSC 且稳定之后，即当 CLKCONSTA.OSC 位从 1 变为 0 时，16MHz RC 振荡器就被校准。

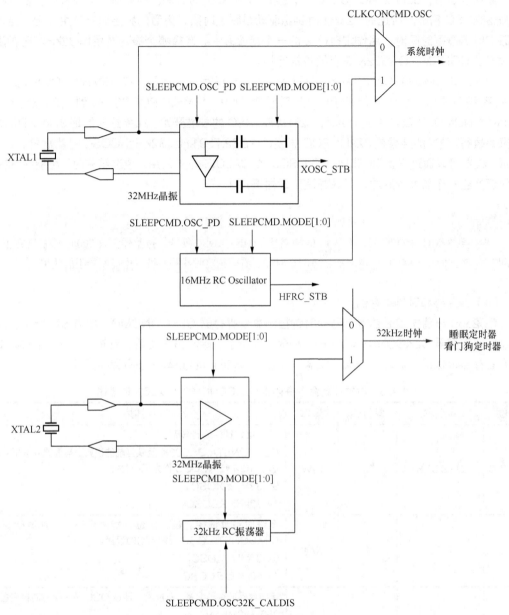

图8.1　时钟系统示意图

从 16MHz 时钟变到 32MHz 时钟源（反之亦然）与 CLKCONCMD.TICKSPD 的设置一致。当 CLKCONCMD.OSC 改变时，较慢的 CLKCONCMD.TICKSPD 设置会导致实际源改变生效的时间较长。最快的转换是当 CLKCONCMD.TICKSPD 等于 000 时。

（3）32kHz 振荡器

设备的两个 32kHz 振荡器可作为 32kHz 时钟的时钟源。

① 32kHz XOSC。

② 32kHz RCOSC。

默认复位后，32kHz RCOSC 使能，被选为 32kHz 时钟源。RCOSC 功耗较少，但是不如 32kHz XOSC 精确。所选的 32kHz 时钟源驱动睡眠定时器，为看门狗定时器产生标记，当计算睡眠定时器睡眠时间时，用作定时器 2 的一个选通命令。选择哪个振荡器用作 32kHz 时钟源是通过 CLKCONCMD.OSC32K 寄存器位执行的。

CLKCONCMD.OSC32K 寄存器位可以在任何时间写入，但是，在 16MHz RCOSC 成为活跃的系统时钟源之前不起作用。当系统时钟从 16MHz RCOSC 转到 32MHz XOSC（CLKCONCMD.OSC 从 1 到 0）时，32kHz RCOSC 的校准开始，如果选择的是 32kHz RCOSC 就开始执行。校准的结果是 32kHz RCOSC 运行在 32.753 kHz。32kHzRCOSC 可能需要 2ms 来完成。校准可以通过设置 SLEEPCMD.OSC32K_CALDIS 为 1 禁用。校准结束时，可能在 32kHz 时钟源产生一个额外的脉冲，导致睡眠定时器增加 1。

 注意

转换到 32MHz XOSC 后，当从 PM3 醒来且 32MHz XOSC 使能，振荡器需要 500ms 来稳定在正确的频率。在 32MHz XOSC 稳定之前，睡眠定时器、看门狗定时器和时钟丢失探测器不能使用。

（4）振荡器和时钟寄存器

CC2530 振荡器和时钟寄存器有时钟控制命令寄存器 CLKCONCMD，如表 8.3 所示。时钟控制状态寄存器 CLKCONSTA(0x9E)，如表 8.4 所示。除非另有说明，在进入 PM2 或 PM3 时，所有寄存器位保留它们之前的值。CLKCONSTA(0x9E) 时钟频率状态寄存器只读。

表 8.3　时钟控制命令寄存器 CLKCONCMD（0xC6）的描述

位	位名称	复位值	操作	描述
7	OSC 32 K	1	R/W	32kHz 时钟振荡器选择。 CLKCONSTA.OSC32K 反映当前的设置。当要改变该位必须选择 16MHz RCOSC 作为系统时钟。 0：32MHz XOSC。 1：32kHz RCOSC
6	OSC	1	R/W	系统时钟源选择。设置该位只能发起一个时钟源改变。 CLKCONSTA.OSC 反映当前的设置。 0：32MHz XOSC。 1：16MHz RCOSC
5:3	TICKSPD[2:0]	001	R/W	定时器标记输出设置。不能高于通过 OSC 位设置的时钟设置。 000：32MHz。 001：16MHz。 010：8MHz。 011：4MHz。 100：2MHz。 101：1MHz。 110：500kHz。 111：250kHz。 注意：CLKCONCMD.TICKSPD 可以设置为任意值，但是结果受 CLKCONCMD.OSC 的限制

（续表）

位	位名称	复位值	操作	描述
2:0	CLKSPD	001	R/W	时钟速度。不能高于通过 OSC 位设置的系统时钟设置。表示当前的系统时钟频率。 000：32MHz。 001：16MHz。 010：8MHz。 011：4MHz。 100：2MHz。 101：1MHz。 110：500kHz。 111：250kHz。 注意：CLKCONCMD.CLKSPD 可以设置为任意值，但是结果受 CLKCONCMD.OSC 的限制

表 8.4 时钟控制状态寄存器 CLKCONSTA（0x9E）的描述

位	位名称	复位值	操作	描述
7	OSC 32K	1	R/W	选择 32kHz 时钟振荡器。 0：32kHz XOSC。 1：32kHz RCOSC
6	OSC	1	R/W	选择的系统时钟。 0：32MHz XOSC。 1：16MHz RCOSC
5:3	TICKSPD[2:0]	001	R/W	定时器标记输出设置。不能高于通过 OSC 位设置的时钟设置。 000：32MHz。 001：16MHz。 010：8MHz。 011：4MHz。 100：2MHz。 101：1MHz。 110：500kHz。 111：250kHz
2:0	CLKSPD	001	R/W	时钟速度。 000：32MHz。 001：16MHz。 010：8MHz。 011：4MHz。 100：2MHz。 101：1MHz。 110：500kHz。 111：250kHz

四、任务实施

1. 基本设定

本任务是实现 CC2530 的低功耗运行。程序设计流程图如图 8.2 所示。

（1）功耗模式设置

系统上电默认运行在主动模式，要进入低功耗运行，除需通过睡眠模式控制寄存器 SLEEPCMD.MODE[1:0]进行设定外，还要通过对供电模式寄存器 PCON.IDLE 位写入 1 使设备强制进入睡眠模式。设置代码如下。

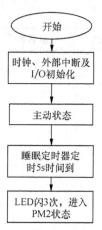

图8.2　程序设计流程图

```
SLEEPCMD &=~ 0x03;                    //空闲模式（供电模式0）
PCON |= 0x01;
SLEEPCMD &=~ 0x03;                    //PM1（供电模式1）
SLEEPCMD |= 0x01;
PCON |= 0x01;
SLEEPCMD &=~ 0x03;                    //PM2（供电模式2）
SLEEPCMD |= 0x02;
PCON |= 0x01;
SLEEPCMD |=~0x03;                     //PM3（供电模式3）
PCON |= 0x01;
```

（2）睡眠定时器定时设置

空闲模式、PM1、PM2 都可以通过睡眠定时器唤醒到主动模式。但是在 PM3 下，所有振荡器均停止工作，睡眠定时器也是休眠的，所以 PM3 只能通过复位或外部中断唤醒到主动模式。在此任务中，使用 32MHz 晶体振荡器作为系统时钟源(主时钟源)，32kHz RC 振荡器作为睡眠定时器的时钟源。根据 CC253x 系列片上系统的数据手册可知，32kHz RC 振荡器被校准在 32.753kHz。

设置睡眠时间，即设置睡眠定时器的比较值。当定时器的值等于 24 位比较器的值，就发生一次定时器比较。通过写入寄存器 ST2:ST1:ST0 来设置比较值。当 STLOAD.LDRDY 是 1 时，写入 ST0 发起加载新的比较值，即写入 ST2、ST1 和 ST0 寄存器的最新的值。

① 定义变量 sleeptime，读取睡眠定时器当前计数值。

```
sleeptime |= ST0;
sleeptime |= (unsigned long)ST1 << 8;
sleeptime |= (unsigned long)ST2 << 16;
```

② 根据指定的睡眠时间计算出应设置的比较值。

假定睡眠时间为 sec，则比较值为：

```
sleeptime += ((unsigned long)sec * (unsigned long)32753);
```

③ 设置比较值。

```
ST2 = (unsigned char)(sleeptime >> 16);
ST1 = (unsigned char)(sleeptime >> 8);
ST0 = (unsigned char) sleeptime;
```

2. 代码设计

系统的各部分功能分别用函数实现，然后使用主函数调用各函数即可。

```c
/********************************************************************
* 名    称: SysPowerMode()
* 功    能: 设置系统工作模式
* 入口参数: mode 等于 0 为 PM0, 1 为 PM1, 2 为 PM2, 3 为 PM3
* 出口参数: 无
********************************************************************/
void SysPowerMode(uchar mode)
{
    if(mode < 4)
    {
        SLEEPCMD |= mode;       //设置系统睡眠模式
        PCON = 0x01;            //进入睡眠模式，通过中断唤醒
    }
    else
        PCON = 0x00;            //通过中断唤醒系统
}


/********************************************************************
* 名    称: ST_ISR(void)中断处理函数
* 描    述: #pragma vector =中断向量，紧接着是中断处理程序
********************************************************************/
#pragma vector = ST_VECTOR
__interrupt void ST_ISR(void)
{
    STIF = 0;                  //清标志位
    SysPowerMode(4);           //进入正常工作模式
}


/********************************************************************
* 名    称: InitSleepTimer ()
* 功    能: 初始化睡眠定时器,设定后经过指定时间自行唤醒
* 入口参数: 无
* 出口参数: 无
********************************************************************/
void InitSleepTimer(void)
{
    ST2 = 0X00;
    ST1 = 0X0F;
    ST0 = 0X0F;
    EA = 1;        //开中断
    STIE = 1;      //睡眠定时器中断使能，0表示中断禁止，1表示中断使能
    STIF = 0;      //睡眠定时器中断标志，0表示无中断未决,1表示允许中断未决
}


/********************************************************************
* 名    称: Set_ST_Period()
* 功    能: 设置睡眠时间
```

```
*  入口参数：sec 睡眠时间
*  出口参数：无
**************************************************************/
void Set_ST_Period(uint sec)
{
    ulong sleepTimer = 0;

    sleepTimer |= ST0;
    sleepTimer |= (ulong)ST1 <<  8;
    sleepTimer |= (ulong)ST2 << 16;
    sleepTimer += ((ulong)sec * (ulong)32768);
    ST2 = (uchar)(sleepTimer >> 16);
    ST1 = (uchar)(sleepTimer >> 8);
    ST0 = (uchar) sleepTimer;
}
```

五、考核与评价

系统睡眠和定时唤醒项目训练的评分标准如表 8.5 所示。

表 8.5　系统睡眠和定时唤醒项目训练的评分标准

一级指标	二级指标	分值	扣分点及扣分原因	扣分	得分
训练过程（80%）	计划与准备	10	做好测试前的准备，不进行清点接线、设备、材料等操作扣除 2 分	5	
			带电拔插元器件扣除 1 分	5	
	电路分析	20	CC2530 引脚功能	5	
			CC2530 时钟	5	
			选择 CC2530 睡眠定时器的工作模式	5	
			CC2530 睡眠定时器的设置	5	
	代码设计	30	正确建立工程	5	
			编写流程图	5	
			程序设计，包括引用头文件、设计延时程序、初始化 I/O、定时程序设计、主程序代码设计等	20	
	职业素养	10	编程过程中及结束后，桌面及地面不符合 6S 基本要求的扣 3~5 分	10	
		10	对耗材浪费，不爱惜工具，扣除 3 分；损坏工具、设备扣除本大项的 20 分；选手发生严重违规操作或作弊，取消成绩	10	
训练结果（20%）	实作结果及质量	20	工艺和功能验证	10	
			撰写考核记录报告	10	
总计		100			

六、任务小结

任何使能的中断都可以使系统从空闲模式唤醒到主动模式；PM1、PM2 唤醒到主动/空闲模式，有 3 种方式：复位、外部中断、睡眠定时器中断；但把 PM3 唤醒到主动模式，只有两种方式：复位、外部中断。

使用睡眠定时器唤醒系统的流程为：开睡眠定时器中断→设置睡眠定时器的定时间隔→设置电源模式。

睡眠定时器中断的中断使能位是 IEN0.STIE，中断标志位是 IRCON.STIF，定时器间隔由 WDCTL.INT[1:0] 位设置。

七、参考程序

```
/****************************************************************
* 文 件 名: main.c
* 描    述: 设置定时器让系统在设定的时间被唤醒，每次唤醒 LED1 闪烁 3 下提示用户
****************************************************************/
#include <ioCC2530.h>

typedef unsigned char uchar;
typedef unsigned int  uint;
typedef unsigned long ulong;

#define LED1 P1_0                    //P1_0 口控制 LED1
#define LED2 P1_1                    //P1_1 口控制 LED2
/****************************************************************
* 名    称: DelayMS()
* 功    能: 16MHz 时，延时约为 535ms，系统时钟不修改默认为 16MHz
* 入口参数: msec 延时参数，值越大，延时越久
* 出口参数: 无
****************************************************************/
void DelayMS(uint msec)
{
   uint i,j;

   for (i=0; i<msec; i++)
      for (j=0; j<535; j++);
}


/****************************************************************
* 名    称: InitLed()
* 功    能: 设置 LED 灯相应的 I/O 口
* 入口参数: 无
* 出口参数: 无
****************************************************************/
void InitLed(void)
{
   P1DIR |= 0x03;              //P1_0 定义为输出口
   LED1 =0;                    //LED1 默认为熄灭
}


/****************************************************************
```

```
* 名     称: SysPowerMode()
* 功     能: 设置系统工作模式
* 入口参数: mode 等于 0 为 PM0, 1 为 PM1, 2 为 PM2, 3 为 PM3
* 出口参数: 无
**************************************************************/
void SysPowerMode(uchar mode)
{
    if(mode < 4)
    {
        SLEEPCMD |= mode;      //设置系统睡眠模式
        PCON = 0x01;           //进入睡眠模式, 通过中断唤醒
    }
    else
        PCON = 0x00;           //通过中断唤醒系统
}


/**************************************************************
* 名     称: ST_ISR(void) 中断处理函数
* 描     述: #pragma vector = 中断向量, 紧接着是中断处理程序
**************************************************************/
#pragma vector = ST_VECTOR
__interrupt void ST_ISR(void)
{
    STIF = 0;                 //清标志位
    SysPowerMode(4);          //进入正常工作模式
}
/**************************************************************
* 名     称: SysPowerMode()
* 功     能: 初始化睡眠定时器, 设定后经过指定时间自行唤醒
* 入口参数: 无
* 出口参数: 无
**************************************************************/
void InitSleepTimer(void)
{
    ST2 = 0x00;
    ST1 = 0x0F;
    ST0 = 0x0F;
    EA = 1;        //开中断
    STIE = 1;      //睡眠定时器中断使能, 其中 0 表示中断禁止, 1 表示中断使能
    STIF = 0;      //睡眠定时器中断标志, 其中 0 表示无中断未决, 1 表示中断未决
}


/**************************************************************
* 名     称: Set_ST_Period()
* 功     能: 设置睡眠时间
* 入口参数: sec 睡眠时间
* 出口参数: 无
**************************************************************/
void Set_ST_Period(uint sec)
{
```

```
    ulong sleepTimer = 0;

    sleepTimer |= ST0;
    sleepTimer |= (ulong)ST1 << 8;
    sleepTimer |= (ulong)ST2 << 16;
    sleepTimer += ((ulong)sec * (ulong)32768);
    ST2 = (uchar)(sleepTimer >> 16);
    ST1 = (uchar)(sleepTimer >> 8);
    ST0 = (uchar) sleepTimer;
}



/****************************************************************
 * 程序入口函数
 ***************************************************************/
void main(void)
{
    uchar i=0;

    InitLed();                    //设置 LED 灯相应的 IO 口
    InitSleepTimer();             //初始化睡眠定时器

    while(1)
    {
        for (i=0; i<6; i++)   //LED1 闪烁 3 次提醒用户将进入睡眠模式
        {
            LED1 = ~LED1;
            DelayMS(500);
        }

        Set_ST_Period(5);         //设置睡眠时间,睡眠 5 秒后唤醒系统
        SysPowerMode(2);           //重新进入睡眠模式 PM2
        LED2 = ~LED2;
    }
}
```

八、启发与思考

```
#include "ioCC2530.h"
#define LED1 P1_0         //P1_0 定义为 LED1
#define LED2 P1_1         // P1_0 定义为 LED2
#define SW1  P1_2         //SW1 端口宏定义

enum SYSCLK_SRC
{
    RC_16MHz,XOSC_32MHz;
}


enum POWERMODE
{
```

```
        PM_IDLE,PM_1,PM_2,PM_3;
}

/*************************************************************
函数名称：delay
功    能：软件延时
入口参数：time——延时循环执行次数
出口参数：无
返 回 值：无
*************************************************************/
void delay(unsigned int time)
{
    unsigned int i;
    unsigned char j;
    for(i = 0;i < time;i++)
        for(j = 0;j < 240;j++)
        {
            asm("NOP");//asm用来在C语言代码中嵌入汇编语言操作，汇
            asm("NOP");//编命令nop是空操作，消耗1个指令周期
            asm("NOP");
        }
}


/*************************************************************
函数名称：BlankLed
功    能：闪烁LED灯
入口参数：led——要进行闪烁的LED灯，取值1～4
出口参数：无
返 回 值：无
*************************************************************/
void BlankLed(unsigned char led)
{
    unsigned char i;
    switch(led)
    {
      case 1:
        for(i=0;i<=5;i++)
        {
            LED1 = 1;
            delay(500);
            LED1 = 0;
            delay(500);
        }
        break;
      case 2:
        for(i=0;i<=5;i++)
        {
            LED2 = 1;
            delay(500);
            LED2 = 0;
```

```
            delay(500);
        }
        break;
    }
}

/****************************************************************
函数名称：SystemClockSourceSelect
功    能：选择系统时钟源(主时钟源)
入口参数：source
         XOSC_32MHz   32MHz 晶体振荡器
         RC_16MHz     16MHz RC 振荡器
出口参数：无
返 回 值：无
****************************************************************/
void SystemClockSourceSelect(enum SYSCLK_SRC source)
{
  unsigned char clkconcmd,clkconsta;
  if(source == RC_16MHz)
  {
   CLKCONCMD &= 0x80;
   CLKCONCMD |= 0x49;
  }
  else if(source == XOSC_32MHz)
  {
   CLKCONCMD &= 0x80;
  }
   /* 等待所选择的系统时钟源(主时钟源)稳定 */
  clkconcmd = CLKCONCMD;      //读取时钟控制寄存器 CLKCONCMD
  do
  {
   clkconsta = CLKCONSTA;     //读取时钟状态寄存器 CLKCONSTA
  } while(clkconsta != clkconcmd); //直到选择的系统时钟源(主时钟源)稳定
}


/****************************************************************
函数名称：SetPowerMode
功    能：设置功耗模式
入口参数：pm
         PM_IDLE      空闲模式
         PM_1         功耗模式 PM1
         PM_2         功耗模式 PM2
         PM_3         功耗模式 PM3
出口参数：无
返 回 值：无
****************************************************************/
void SetPowerMode(enum POWERMODE pm)
{
  /* 空闲模式 */
  if(pm == PM_IDLE)
```

```
  {
    SLEEPCMD &= ~0x03;
  }
  /* 功耗模式 PM3*/
  else if(pm == PM_3)
  {
    SLEEPCMD |= ~0x03;
  }
  /* 其他功耗模式，即功耗模式 PM1 或 PM2*/
  else
  {
    SLEEPCMD &= ~0x03;
    SLEEPCMD |= pm;
  }
  /* 进入所选择的功耗模式 */
  PCON |= 0x01;
  asm("NOP");
}


/****************************************************************
函数名称: SetSleepTime
功    能: 设置睡眠时间，即设置睡眠定时器的比较值
入口参数: sec   唤醒功耗模式 IDLE，PM1 或 PM2 的时间
出口参数: 无
返 回 值: 无
****************************************************************/
void SetSleepTime(unsigned short sec)
{
  unsigned long sleeptime = 0;
    /* 读取睡眠定时器的当前计数值 */
  sleeptime |= ST0;
  sleeptime |= (unsigned long)ST1 <<  8;
  sleeptime |= (unsigned long)ST2 << 16;
    /* 根据指定的睡眠时间计算出应设置的比较值 */
  sleeptime += ((unsigned long)sec * (unsigned long)32753);
    /* 设置比较值 */
  while((STLOAD & 0x01) == 0);  //等待允许加载新的比较值
  ST2 = (unsigned char)(sleeptime >> 16);
  ST1 = (unsigned char)(sleeptime >> 8);
  ST0 = (unsigned char) sleeptime;
 }


/****************************************************************
函数名称: initIO
功    能: 初始化系统 IO
入口参数: 无
出口参数: 无
返 回 值: 无
****************************************************************/
void initIO()
```

```
{
    P1SEL &= ~0x1F;      //设置 LED、SW1 为通用 IO 口
    P1DIR |= 0x03;       //设置 LED 为输出
    P1DIR &= ~0X04;      //Sw1 按键在 P1_2，设定为输入
    LED1 = 0;            //熄灭 LED
    LED2 = 0;            //熄灭 LED
    PICTL &=~0x02;       //配置 P1 口的中断边沿为上升沿产生中断

    P1IFG &= ~0x04;      //清除 P1_2 中断标志
    P1IF =0;             //清除 P1 口中断标志
}


/****************************************************************
函数名称：ST_ISR
功    能：睡眠定时器中断处理函数
入口参数：无
出口参数：无
返 回 值：无
****************************************************************/
#pragma vector=ST_VECTOR
__interrupt void ST_ISR(void)
{
    EA=0;               //关全局中断
    STIF=0;             //睡眠定时器中断标志清 0
    STIE=0;             //禁止睡眠定时器中断
    EA = 1;             //使能全局中断
}


/****************************************************************
函数名称：main
功    能：程序主函数
入口参数：无
出口参数：无
返 回 值：无
****************************************************************/
void main(void)
{
    SystemClockSourceSelect(XOSC_32MHz); //选择 32MHz 晶体振荡器作为系统时钟源(主
时钟源)
    initIO(); //初始化 IO
    /* 使能全局中断 */
    EA = 1;
    while(1)
    {
        /* 功耗模式：主动模式 */
        LED1=0; //LED1 灯灭
        LED2=0; //LED2 灯灭

        /* 功耗模式：空闲模式 */
        BlankLed(1);            //LED1 闪烁 5 次
        SetSleepTime(2);        //设置睡眠时间为 2s
        IRCON &= ~0x80;         //清除睡眠定时器中断标志
        IEN0 |= (0x01 << 5);    //使能睡眠定时器中断
        SetPowerMode(PM_IDLE);  //进入空闲模式
```

```
               /* 功耗模式: 主动模式 */
               BlankLed(2);                    //LED2 闪烁 5 次
               /* 功耗模式: PM1 */
               SetSleepTime(3);                //设置睡眠时间为 3s
               IRCON &= ~0x80;                 //清除睡眠定时器中断标志
               IEN0 |= (0x01 << 5);            //使能睡眠定时器中断
               SetPowerMode(PM_1);             //进入功耗模式 PM1

               /* 功耗模式: 主动模式 */
               BlankLed(1);                    //LED1 闪烁 5 次
               /* 功耗模式: PM2 */
               SetSleepTime(4);                //设置睡眠时间为 4 秒
               IRCON &= ~0x80;                 //清除睡眠定时器中断标志
               IEN0 |= (0x01 << 5);            //使能睡眠定时器中断
               SetPowerMode(PM_2);             //进入功耗模式 PM2

               /* 功耗模式: 主动模式 */
               BlankLed(2);                    //LED2 闪烁 5 次
               /* 功耗模式: PM3 */
               P1IEN |=0x04;                   //使能 P1_2 中断
               IEN2 |= 0x10;                   //使能 P1 口中断
               SetPowerMode(PM_3);             //进入功耗模式 PM3
       }
}


/*****************************************************************
函数名称: EINT_ISR
功    能: 外部中断处理函数
入口参数: 无
出口参数: 无
返 回 值: 无
*****************************************************************/
#pragma vector=P1INT_VECTOR
__interrupt void EINT_ISR(void)
{
    EA = 0;                    //关闭全局中断
  /* 若是 P1_2 产生的中断 */
    if(P1IFG & 0x04)
    {
        /* 等待用户释放按键,并消抖 */
        while(SW1 == 0); //低电平有效
        delay(100);
        while(SW1 == 0);

        P1IFG &= ~0x04;    //清除 P1_2 中断标志
        P1IF =0;           //清除 P1 口中断标志

        P1IEN &= ~0x04;    //禁止 P1_2 中断
        IEN2 &= ~0x10;     //禁止 P1 口中断
    }
    EA = 1;                //使能全局中断
}
```

系统睡眠和按键中断唤醒

一、任务描述

熟悉 CC2530 的各种功耗模式，以及各种功耗模式之间的切换方法，实现 CC2530 的低功耗运行。具体要求如下。

① 系统初始化后处于主动模式，LED1 小灯闪 5 次后进入空闲模式，等待按键 SW1 按下，触发外部中断，被唤醒为主动模式。

② LED2 闪 5 次后进入 PM1，等待按键 SW1 按下，触发外部中断，被唤醒为主动模式。

二、任务目标

1. 训练目标

① 检验 CC2530 电源的运行模式、各运行模式之间如何切换的能力。

② 检验对寄存器进行配置的能力。

③ 检验掌握选择系统时钟源的能力。

④ 检验掌握按键中断唤醒的能力。

2. 素养目标

① 培养学生在工作现场的 6S 意识和用电安全意识。

② 爱惜工具，注重场地整洁。

③ 具备积极、主动的探索精神。

三、相关知识

1. CC2530 的电源管理

CC2530 有 5 种电源模式：主动（完全清醒）、空闲（清醒，但 CPU 内核停止运行）、PM1（有点瞌睡）、PM2（半醒半睡）、PM3（睡得很死），它们之间的转换关系如图 8.3 所示。

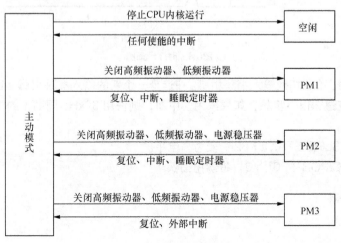

图8.3 5种运行模式的转换关系

从图 8.3 可知，任何使能的中断都可以使系统从空闲状态唤醒到主动状态；PM1、PM2 唤醒到主动/空闲模式，有 3 种方式：复位、外部中断、睡眠定时器中断；但把 PM3 唤醒到 PM0，只有两种方式：复位、外部中断（因为在 PM3 下，所有振荡器均停止工作，睡眠定时器自然也是休眠的）。

2. CC2530 睡眠定时器捕获

当选定的 I/O 引脚的中断标志已经置位，并且 32kHz 时钟已经检测到这个事件时，发生定时器捕获。通过设置将要被用于触发捕获的 I/O 引脚的 STCC.PORT[1:0] 和 STCC.PIN[2:0] 来使能睡眠定时器捕获。当 STCS.VALID 为 1 时，可以读取 STCV2:STCV1:STCV0 的捕获值。捕获到的数值比发生在 I/O 引脚上的事件的瞬间值要大。因此如果绝对时序，那么软件应将捕获的值减 1。使能一个新的捕获，应遵循以下步骤。

① 清除 STCS.VALID。

② 等待直到 SLEEPSTA.CLK32K 变为低电平。

③ 等待直到 SLEEPSTA.CLK32K 变为高电平。

④ 清除 P0IFG/P1IFG/P2IFG 寄存器中的引脚中断标志。

以使用 P0.0 上的上升沿为例，其时序如图 8.4 所示。

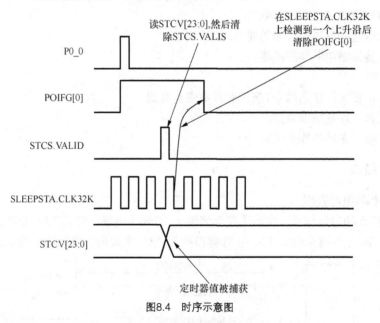

图8.4 时序示意图

当捕获使能时，不能切换输入捕获引脚。在选择一个新的输入捕获引脚之前，捕获必须禁用。要禁用捕获时，应遵循以下步骤：如果禁用了中断，则使用 32kHz 周期（约 15.26μs）。

① 禁用中断。

② 等待直到 SLEEPSTA.CLK32K 变为高电平。

③ 设置 STCC.PORT[1:0] 为 3，将禁用捕获。

四、任务实施

1. 基本设定

程序设计流程图如图 8.5 所示。

（1）功耗模式设置

系统上电默认运行在主动模式，要进入低功耗运行，除需通过睡眠模式控制寄存器 SLEEPCMD.MODE[1:0]进行设定外，还要通过对供电模式寄存器 PCON.IDLE 位写入 1 来使设备强制进入睡眠模式。

（2）睡眠定时器定时设置

设置睡眠时间，即设置睡眠定时器的比较值。当定时器的值等于 24 位比较器的值，就发生一次定时器比较。通过写入寄存器 ST2:ST1:ST0 来设置比较值。当 STLOAD.LDRDY 是 1 写入 ST0 发起加载新的比较值，即写入 ST2、ST1 和 ST0 寄存器的最新的值。

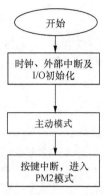

图8.5　程序设计流程图

① 定义变量 sleeptime，读取睡眠定时器当前计数值。

```
sleeptime |= ST0;
sleeptime |= (unsigned long)ST1 << 8;
sleeptime |= (unsigned long)ST2 << 16;。
```

② 根据指定的睡眠时间，计算出应设置的比较值。

假定睡眠时间为 sec，则比较值为：

```
sleeptime += ((unsigned long)sec * (unsigned long)32753);
```

③ 设置比较值。

```
ST2 = (unsigned char)(sleeptime >> 16);
ST1 = (unsigned char)(sleeptime >> 8);
ST0 = (unsigned char)sleeptime;
```

2. 代码设计

对系统的各部分功能分别用函数实现，然后用主函数调用各函数即可。下面给出实现本任务的几个关键函数。

```
/*************************************************************
系统工作模式选择函数
* para1  0   1   2   3
* mode  PM0 PM1 PM2 PM3
*************************************************************/
void SysPowerMode(uchar mode)
{
  uchar i,j;
  i = mode;
  if(mode<4)
  {
    SLEEPCMD &= 0xFC;
    SLEEPCMD |= i;        //设置系统睡眠模式
    for(j=0;j<4;j++);
    {
      PCON = 0x01;             //进入睡眠模式
    }
```

```
    }
    else
    {
      PCON = 0x00;                      //系统唤醒
    }
}


/************************************************************
      LED 控制 I/O 口初始化函数
 ************************************************************/
void Init_IO_AND_LED(void)
{
    P1DIR = 0X03;
    LED1 = 1;
    LED2 = 1;
    //P0SEL &= ~0X32;
    //P0DIR &=~0X32;
    P0INP  &= ~0X32;        //设置 P0 口输入电路模式为上拉/下拉
    P2INP &=~0X20;          //选择上拉
    P0IEN |= 0X32;          //P0_1 设置为中断方式
    PICTL |= 0X01;          //下降沿触发
    EA = 1;
    IEN1 |= 0X20;           //开 P0 口总中断
    P0IFG |= 0x00;          //清中断标志
};
/************************************************************
/******************************************
    中断处理函数——系统唤醒
 ******************************************/
#pragma vector = P0INT_VECTOR
 __interrupt void P0_ISR(void)
 {
  if(P0IFG>0)
  {
     P0IFG = 0;
  }

  P0IF = 0;
  SysPowerMode(4);
 }
```

五、考核与评价

系统睡眠和按键中断唤醒项目训练的评分标准如表 8.6 所示。

表 8.6 系统睡眠和按键中断唤醒项目训练的评分标准

一级指标	二级指标	分值	扣分点及扣分原因	扣分	得分
训练过程 （80%）	计划与准备	10	做好测试前的准备，不进行清点接线、设备、材料等操作扣除 2 分	5	
			带电拔插元器件扣除 1 分	5	
	电路分析	20	CC2530 引脚功能	5	
			CC2530 时钟	5	
			选择 CC2530 睡眠定时器的工作模式	5	
			CC2530 睡眠定时器的设置	5	
	代码设计	30	正确建立工程	5	
			编写流程图	5	
			程序设计，包括引用头文件、设计延时程序、初始化 I/O、按键中断程序设计、主程序代码设计等	20	
	职业素养	10	编程过程中及结束后，桌面及地面不符合 6S 基本要求的扣除 3~5 分	10	
		10	对耗材浪费，不爱惜工具，扣除 3 分；损坏工具、设备扣除本大项的 20 分；选手发生严重违规操作或作弊，取消成绩	10	
训练结果 （20%）	实作结果及质量	20	工艺和功能验证	10	
			撰写考核记录报告	10	
总计		100			

六、任务小结

CC2530 的睡眠定时器是运行于 32.768kHz 的 24 位定时器，当系统运行在除 PM3 外的所有的电源模式下，睡眠定时器都会不间断运行。睡眠定时器使用的寄存器有 ST2、ST1、ST0。使用睡眠定时器读的流程：读 ST0→读 ST1→读 ST2；写的流程必须遵循：写 ST2→写 ST1→写 ST0。

使能一个新的捕获，应遵循以下步骤。

① 清除 STCS.VALID。

② 等待直到 SLEEPSTA.CLK32K 变为低电平。

③ 等待直到 SLEEPSTA.CLK32K 变为高电平。

④ 清除 P0IFG/P1IFG/P2IFG 寄存器中的引脚中断标志。

七、参考程序

```
#include <ioCC2530.h>

#define uint unsigned int
#define uchar unsigned char
#define DELAY 15000
```

```
#define LED1 P1_0
#define LED2 P1_1          //LED 灯控制 I/O 口定义

void Delay(void);
void Init_IO_AND_LED(void);
void SysPowerMode(uchar sel);

/*****************************************************************
    延时函数
*****************************************************************/
void Delay(void)
{
    uint i;
    for(i = 0;i<DELAY;i++);
    for(i = 0;i<DELAY;i++);
    for(i = 0;i<DELAY;i++);
    for(i = 0;i<DELAY;i++);
    for(i = 0;i<DELAY;i++);
    for(i = 0;i<DELAY;i++);
    for(i = 0;i<DELAY;i++);
    for(i = 0;i<DELAY;i++);
    for(i = 0;i<DELAY;i++);
    for(i = 0;i<DELAY;i++);
}


/*****************************************************************
系统工作模式选择函数
* para1  0   1   2   3
* mode   PM0 PM1 PM2 PM3
*****************************************************************/
void SysPowerMode(uchar mode)
{
  uchar i,j;
  i = mode;
  if(mode<4)
  {
    SLEEPCMD &= 0xFC;
    SLEEPCMD |= i;          //设置系统睡眠模式
    for(j=0;j<4;j++);
    {
      PCON = 0x01;          //进入睡眠模式
    }
  }
  else
  {
    PCON = 0x00;            //系统唤醒
  }
}


/*****************************************************************
```

```
        LED 控制 I/O 口初始化函数
**********************************************************/
void Init_IO_AND_LED(void)
{
    P1DIR = 0X03;
    LED1 = 1;
    LED2 = 1;
    //P0SEL &=~0X32;
    //P0DIR &= ~0X32;
    P0INP  &=~0X32;         //设置 P0 口输入电路模式为上拉/下拉
    P2INP &= ~0X20;         //选择上拉
    P0IEN |= 0X32;          //P0_1 设置为中断方式
    PICTL |= 0X01;          //下降沿触发
    EA = 1;
    IEN1 |= 0X20;           //开 P0 口总中断
    P0IFG |= 0x00;          //清中断标志
};
/**********************************************************
    主函数
**********************************************************/
void main()
{
  uchar count = 0;
  Init_IO_AND_LED();
  LED1 = 0;                //开 LED1，系统工作指示
  Delay();                 //延时
  while(1)
  {
    LED2 = !LED2;
    LED1 = 0;
    count++;
    if(count >= 6)
    {
      count = 0;
      LED1 = 1;
      SysPowerMode(5);         //5 次闪烁后，进入睡眠状态 PM3
    }
      Delay();//延时函数无形参，只能通过改变系统时钟频率或 DEALY 的宏定义
            //来改变 LED 灯的闪烁频率
  };
}
/********************************************
    中断处理函数——系统唤醒
********************************************/
#pragma vector = P0INT_VECTOR
 __interrupt void P0_ISR(void)
 {
  if(P0IFG>0)
  {
     P0IFG = 0;
```

```
    }

    P0IF = 0;
    SysPowerMode(4);
}
```

八、启发与思考

使用外部 I/O 中断唤醒 CC2530 进入低功耗模式的流程为：设置系统睡眠模式（SLEEPCMD |= mode; ），mode 取值为 0、1、2、3→进入睡眠模式（PCON = 0x01; ）→通过中断唤醒系统（PCON = 0x00; ）。

Chapter

9

单元九
脉冲宽度调制应用

📖 **本单元目标**

知识目标:

- 掌握脉冲宽度调制的工作原理。
- 掌握定时器的使用方法。

技能目标:

- 利用定时器设置脉冲宽度调制的周期。

任务一　利用定时器 1 脉冲宽度调制控制 LED

一、任务描述

编写程序使用 CC2530 内部定时器 1 采用脉冲宽度调制控制 LED 亮和灭的时间。

① 通电后，LED 按照配置定时器 1 配置周期。

② 调整比较输出的值可改变脉冲宽度，控制 LED 亮/灭时间的改变。

二、任务目标

1. 训练目标

① 检验学生使用 CC2530 单片机定时器 1 进行定时和计数的能力。

② 检验学生利用占空比改变 LED 亮度的能力。

2. 素养目标

① 培养学生在工作现场的 6S 意识和用电安全意识。

② 爱惜工具，注重场地整洁。

③ 具备积极、主动的探索精神。

三、相关知识

1. 脉冲宽度调制

脉冲宽度调制（Pulse Width Modulation，PWM）是利用微处理器的数字输出对模拟电路进行控制的一种非常有效的技术，广泛应用于从测量、通信到功率控制与变换等许多领域中。

脉冲宽度调制以其控制简单、灵活和动态响应好的优点而成为电工电子技术中广泛应用的控制方式，也是人们研究的热点。

2. 脉冲宽度调制原理

占空比是指脉冲信号的通电时间与通电周期之比。在一串理想的脉冲周期序列中（如方波），正脉冲的持续时间与脉冲总周期的比值。例如，脉冲宽度为 2μs，信号周期 4μs 的脉冲序列的占空比为 0.5。在一段连续工作的时间内，占空比为脉冲占用的时间与总时间的比值。

3. 脉冲宽度调制 LED

脉冲宽度调制是一种对模拟信号电平进行数字编码的方法。通过高分辨率计数器的使用，方波的占空比被调制成对一个具体的模拟信号电平进行编码。脉冲宽度调制信号仍然是数字的，因为在给定的任意时刻，满幅值的直流供电只有完全有（ON）和完全无（OFF）两种。

脉冲宽度调制采用调整脉冲占空比达到调整电压、电流和功率，最终达到调整光亮度的目的。脉冲宽度调制可以在一定时间内用高低电平所占的比例不同来控制一个对象，比如在 1ms 内，高电平占 0.4ms，低电平占 0.6ms。如果用高电平闭合一个开关，此开关再控制一个 LED 灯，低电平是断开开关，那么在 1ms 内，灯就只能通电 0.4ms，则 0.6ms 内是不通电的。也就是说，该灯的通电时间只有 40%。如果把高电平的时间延长到 0.6ms，而低电平就只有 0.4ms 了，此时灯的通电时间就变成了 60%。这样灯获得的能量变大，亮度自然就提高了。

四、任务实施

1. 任务设计思路

选用定时器 1，在定时器的通道 2 上比较输出信号，通道 2 可在 P1_0 口输出，通过设置 PERCFG 和 P1SEL 可打开 P1_0 的外设功能。将定时器 1 的工作模式和计数值上限配置好，再配置 T1CCTL2 使能通道 2 的比较输出功能，配置 T1CC2 通道 2 的比较值。

2. 代码设计

（1）设置定时器 1 的分频系数

定时器 1 的计数信号来自 CC2530 内部系统时钟信号的分频，可选择 1、8、32 或 128 分频。CC2530 在上电后，默认使用内部频率为 16MHz 的 RC 振荡器，也可以使用外接的晶体振荡器，一般为 32MHz 的晶振。

定时器 1 采用 16 位计数器，最大计数值为 0xFFFF，即 65 535。当使用 16MHz 的 RC 振荡器时，如果使用最大分频 128 分频，则定时器 1 的最大定时时长为 524.28ms。

设定时器 1 的分频系数需要使用 T1CTL 寄存器，通过设置 DIV[1:0]两位的值为定时器选择分频系数。T1CTL 寄存器的描述如表 9.1 所示。

表 9.1 T1CTL 寄存器的描述

位	位名称	复位值	操作	描述
7:4		0000	R0	未使用
3:2	DIV[1:0]	00	R/W	定时器 1 的分频设置。 00：1 分频。 01：8 分频。 10：32 分频。 11：128 分频
1:0	MODE[1:0]	00	R/W	定时器 1 工作模式设置。 00：暂停运行。 01：自由模式运行。 10：模模式。 11：正计数/倒计数模式

在本任务中，为定时器 1 选择 128 分频，设置代码如下。

```
T1CTL  |=0x0F;        //定时器 1 时钟频率 128 分频
```

（2）外设控制

通过 RERCFG 寄存器实现，其描述如表 9.2 所示。

表 9.2 RERCFG 寄存器的描述

位	位名称	复位值	操作	描述
7		0	R/W	未使用
6	T1CFG	0	R/W	定时器 1 的 I/O 位置。 0：备用位置 1。 1：备用位置 2

（续表）

位	位名称	复位值	操作	描述
5	T3CFG	0	R/W	定时器 3 的 I/O 位置。 0：备用位置 1。 1：备用位置 2
4	T4CFG	0	R/W	定时器 4 的 I/O 位置。 0：备用位置 1。 1：备用位置 2
3:2		00	R0	未使用
1	U1CFG	0	R/W	USART1 的 I/O 位置。 0：备用位置 1。 1：备用位置 2
0	U0CFG	0	R/W	USART0 的 I/O 位置。 0：备用位置 1。 1：备用位置 2

（3）T1 通道 2 捕获比较控制

通过 T1CCTL2 寄存器实现定时器 1 通道 2 捕获比较控制，其描述如表 9.3 所示。

表 9.3　T1CCTL2 寄存器（比较模式）的描述

位	位名称	复位值	R/W	描述
7	RFIRO	0	R/W	设置时使用 RF 捕获而不是常规捕获输入
6	IM	1	R/W	通道 2 中断屏蔽，设置时使能中断请求
5:3	CMP[2:0]	000	R/W	通道 2 比较模式选择。当定时器的值等于在 T1CC2 中的比较值时选择操作输出。 000：比较设置输出。 001：比较清除输出。 010：比较切换输出。 011：向上比较设置输出，在定时器值为 0 时清除输出。 100：向上比较清除输出，在定时器值为 0 时设置输出
2	MODE	0	R/W	模式，选择定时器 1 通道 2 比较或者捕获模式。 0：捕获模式。 1：比较模式
1:0	CAP[1:0]	00	R/W	

设置代码具体如下。

```
T1CCTL2 = 0x24; // | 0010 0100
```

（4）定时器 1 通道 2 捕获比较控制值

定时器 1 通道 2 捕获比较控制值由 T1CC2H 和 T1CC2L 两个寄存器的值构成，如表 9.4 和表 9.5 所示。

表 9.4　T1CC2H 寄存器的描述

位	位名称	复位值	操作	描述
7:0	T1CC2H	0x00	R/W	定时器 1 通道 2 捕获/比较值，高位字节

表 9.5　T1CC2L 寄存器的描述

位	名称	复位值	操作	描述
7:0	T1CC2L	0x00	R/W	定时器 1 通道 2 捕获/比较值，低位字节

先写低位，再写高位。具体代码如下。

```
T1CC2L = 0x00;
T1CC2H =0x70;
```

首先配置好 T1CC0 值，即比较输出计数值的上限，再配置对应通道的比较计数值 T1CCn，然后根据对应通道 T1CCTLn 控制寄存器设置的比较模式输出信号。

（5）使能定时器 1 中断功能

在使用定时器时，既可以查询的方式查看定时器当前的计数值，也可以使用中断方式。

1）查询方式

使用代码读取定时器 1 当前的计数值，在程序中根据计数值大小确定要执行的操作。通过读取 T1CNTH 和 T1CNTL 两个寄存器分别获取当前计数值的高位字节和低位字节，这两个寄存器的描述如表 9.6 和表 9.7 所示。

表 9.6　T1CNTH 寄存器的描述

位	位名称	复位值	操作	描　　述
7:0	CNT[15:8]	0x00	R/W	定时器 1 计数器的高位字节。 读 T1CNTL 时，计数器的高位字节缓冲到该寄存器

表 9.7　T1CNTL 寄存器的描述

位	位名称	复位值	操作	描　　述
7:0	CNT[7:0]	0x00	R/W	定时器 1 计数器的低位字节。 向该寄存器写任何值将导致计数器被清除为 0x0000

当读取 T1CNTL 寄存器时，计数器的高位字节会被缓冲到 T1CNTH 寄存器，以便高位字节可以从 T1CNTH 中读出。因此在程序中应先读取 T1CNTL 寄存器，然后读取 T1CNTH 寄存器。

2）中断方式

定时器有 3 种情况能产生中断请求。

① 计数器达到最终计数值（自由运行模式下达到 0xFFFF，正计数/倒计数模式下达到 0x0000）。

② 输入捕获事件。

③ 输出比较事件（模模式时使用）。

要使用定时器的中断方式，必须使能各个相关中断控制位。CC2530 中定时器 1~4 的中断使能位分别是 IEN1 寄存器中的 T1IE、T2IE、T3IE 和 T4IE。由于 IEN1 寄存器可以进行位寻址，因此使能定时器 1 中断可以采用以下代码。

```
T1IE=1;   //使能定时器 1 中断
```

除此之外，定时器 1、定时器 3 和定时器 4 还分别拥有一个计数溢出中断屏蔽位，分别是 T1OVFIM、T3OVFIM 和 T4OVFIM，当这些位被设置成 1 时，对应定时器的计数溢出中断便被使能，这些位都可以进行位寻址，不过一般用户不需要对其进行设置，因为这些位在 CC2530 上电时的初始值就是 1。如果要手工设置，可以用以下代码实现。

```
T1OVFIM=1;   //使能定时器 1 溢出中断
```

最后要使能系统总中断 EA。

（6）设置定时器 1 的工作模式

由于需要手工设置最大计数值，因此可为定时器 1 选择工作模式为正计数/倒计数模式，只需设置 T1CTL 寄存器中的 MODE[1:0]位即可。一旦设置了定时器 1 的工作模式（MODE[1:0]为非零值），则定时器 1 立刻开始定时计数工作，设置代码如下。

```
T1CTL |=0x0F;   //定时器 1 工作模式设置
```

（7）程序初始化代码

对 LED 灯和定时器输出进行初始化的具体代码如下。

```
*****************************/
void LED_Init(void)
{
  CLKCONCMD &= 0x80;
  PERCFG |= 0x40;    //设置 P1_0 为 T1 的通道 2 输出
  P1SEL |= 0x01;     //设置 P1_0 为外设功能
  P1DIR |= 0x30;     //设置 P1 为输出口
}
```

对定时器 1 进行初始化的代码如下。

```
//定时器初始化

void Timer1_Init(void)
{
    T1CC0L = 0xff;   //设置 PWM 信号周期
    T1CC0H = 0x7f;

    T1CCTL2 = 0x00;   //设置定时器 1 输出的通道 2，即 Channel 2
    T1CC2L = 0x00;    //设置 PWM 信号的占空比
    T1CC2H = 0x00;

    //配置工作模式和分频系数
    T1CTL = 0x0F;

}
```

在程序主函数中，对 LED 控制端口和定时器 1 进行初始化的代码如下。

```
/**************************
 * 函数名称：main
 * 功    能：main 函数入口
 * 入口参数：无
 * 出口参数：无
 * 返 回 值：无
 **************************/
```

```
void main(void)
{
  LED_Init();
  Timer1_Init();
  while(1)
  {
    if(T1STAT&0x04)
    {
      T1STAT &= ~ (1 << 2);
      LED2 =~LED2;
    }
  }
}
```

如果采用中断方式，对定时器 1 进行初始化代码如下。

```
void Timer1_Init(void)
{
    T1CC0L = 0x00;        //设置 T1CC0，即 PWM 输出时比较值的上限
    T1CC0H = 0xF0;

    T1CCTL2 = 0x24;       //设置 1 输出的通道 2，即 Channel 2
    T1CC2L = 0x00;        //设置定时器 1 输出通道 2 比较输出值
    T1CC2H = 0x70;

    //配置工作模式和分频系数
    T1CTL = 0x0F;

    //使能定时器 1 中断
    TIMIF &= ~0x40;
    T1IE = 1;
    EA = 1;
}
```

3. 编写定时器 1 处理函数

如果采用查询方式，定时器 1 处理只需清除溢出标志，即对 IRCON 赋为零，统计溢出次数实现即可。如果采用定时器 1 中断方式，必须编写中断处理函数。

定时器 1 的中断标志。定时器 1 通道 2 的每个比较完成会产生一个中断请求，自动将定时器 1 的中断标志位 T1IF 位和通道 2 标志位 CH2IF 位置位。

T1IF 位于 IRCON 寄存器中，需要手工进行清除。T1STAT 寄存器的描述如表 9.8 所示。

表 9.8　T1STAT 寄存器的描述

位	位名称	复位值	操作	描述
7:6		00	R0	未使用
5	OVFIF	0	R/W0	定时器 1 计数器溢出中断标志
4:0	CHxIF	0	R/W0	定时器 1 通道 4 到通道 0 的中断标志

清除定时器 1 计数器溢出中断标志的代码如下。

```
T1STAT &= ~(1 << 2);                    //清除定时器 1 中断标志位 CH2IF
```

五、考核与评价

利用定时器 1 脉冲宽度调制控制 LED 项目训练的评分标准如表 9.9 所示。

表 9.9　利用定时器 1 脉冲宽度调制控制 LED 项目训练的评分标准

一级指标	二级指标	分值	扣分点及扣分原因	扣分	得分
训练过程 （80%）	计划与准备	10	做好测试前的准备，不进行清点接线、设备、材料等操作扣除 2 分	5	
			带电拔插元器件扣除 1 分	5	
	电路分析	20	CC2530 引脚功能	5	
			数据采集与 CC2530 引脚关系	5	
			时序与 CC2530 引脚关系	5	
			设置定时器 1 的工作模式和定时的时间	5	
	代码设计	30	正确建立工程	5	
			编写流程图	5	
			程序设计，包括引用头文件、设计延时程序、初始化 I/O、定时器 1 的中断处理程序设计、主程序代码设计等	20	
	职业素养	10	编程过程中及结束后，桌面及地面不符合 6S 基本要求的扣除 3~5 分	10	
		10	对耗材浪费，不爱惜工具，扣除 3 分；损坏工具、设备扣除本大项的 20 分；选手发生严重违规操作或作弊，取消成绩	10	
训练结果 （20%）	实作结果及质量	20	工艺和功能验证	10	
			撰写考核记录报告	10	
总计		100			

六、任务小结

本任务采用定时器 1 的通道 2 用硬件输出 PWM 信号，实际输出需要软件干预来完成持续不断的信号输出。

软件也用查询方式和中断方式。定时器 1 的通道 2 比较时的中断可以利用 LED 采用软件实现。定时器 1 通道 2 的硬件输出口是内部固定，只是选择 P0_4 或 P1_0，如果在实际应用中这两个输出口均被占用可以考虑借鉴本任务的软件方法输出脉冲宽度调制信号。

利用定时器 1 脉冲宽度调制控制 LED 的流程为：设置定时器 1 的分频系数（ T1CTL = 0x0F; ）→配置外部设备控制寄存器 PERCFG（ PERCFG |= 0x40; ）→外设功能（ P1SEL |= 0x01; ）→设置比较模式（ T1CCTL2 = 0x24; ）→装入初值（ T1CC0L = 0x00; T1CC0H = 0xF0; ）→选择比较通道（ T1CCTL2 = 0x24; ）→设置比较值（ T1CC2L = 0x00;和 T1CC2H = 0x70; ）。注意：这里选择定时器 1 模模式，此时选择的通道必须对应所控制的 I/O 口。

主程序中设置主频时钟（ CLKCONCMD &= 0x80; ）和查询 T1STAT 的状态（ if(T1

STAT&0x04))。

注 意

> T1CC0L 和 T1CC0H 设置 PWM 信号周期，T1CC2L 和 T1CC2H 设置 PWM 占空比，并且要求 T1CC0L 和 T1CC0H 一定要大于 T1CC2L 和 T1CC2H。

定时器 1 通道 2 默认输出是 P0_4，若 LED 都是接到 P1 了，就要交换一下，需要配置外部设备控制寄存器 PERCFG。

注 意

> 此时选择的通道必须对应所控制的 I/O 口。

七、参考程序

```c
#include "ioCC2530.h"
#define LED1 P1_0        // P1_0 定义为 LED1
void Timer1_Init(void)
{
    T1CC0L = 0x00;       //设置 T1CC0，即 PWM 输出时比较值的上限
    T1CC0H = 0xF0;

    T1CCTL2 = 0x24;      //设置定时器 1 输出的通道 2，即 Channel 2
    T1CC2L = 0x00;       //设置定时器 1 输出通道 2 比较输出值
    T1CC2H = 0x70;

    //配置工作模式和分频系数
    T1CTL = 0x0F;
}

void LED_Init(void)
{
  CLKCONCMD &= 0x80;
  PERCFG |= 0x40;       //设置 P1_0 为 T1 的通道 2 输出
  P1SEL |= 0x01;        //设置 P1_0 为外设功能
  P1DIR |= 0x30;        //设置 P1 为输出口
}

/************************************************************
函数名称：main
功   能：程序主函数
入口参数：无
出口参数：无
返 回 值：无
************************************************************/
void main(void)
{
```

```
   LED_Init();
   Timer1_Init();
   while(1)
   {
     if(T1STAT&0x04)
     {
       T1STAT &= ~(1 << 2);
       LED1 =~LED1;
     }
   }
 }
```

八、启发与思考

```
#include "ioCC2530.h"
#define LED1 P1_0                // P1_0 定义为 LED1
#define LED2 P1_4                // P1_0 定义为 LED2

void Timer1_Init(void)
{
    T1CC0L = 0x00;          //设置 T1CC0，即 PWM 输出时比较值的上限
    T1CC0H = 0xF0;

    T1CCTL2 = 0x64;         //设置定时器1输出的通道2，即 Channel 2
    T1CC2L = 0x00;          //设置定时器1输出通道2比较输出值
    T1CC2H = 0x70;

    //配置工作模式和分频系数
    T1CTL = 0x0F;

    //使能 Timer1 中断
    TIMIF &=~0x40;
    T1IE = 1;
    EA = 1;
}

#pragma vector = T1_VECTOR
    __interrupt void T1_ISR(void)
{
    LED2 = ~LED2;
    T1STAT &= ~(1 << 2);
    T1STAT &=~(1 << 5);
    T1IF = 0;          //清除 T1 中断标志
}
void LED_Init(void)
{
  CLKCONCMD &= 0x80;
  PERCFG |= 0x40;          //设置 P1_0 为 T1 的通道2输出
  P1SEL |= 0x01;           //设置 P1_0 为外设功能
  P1DIR |= 0x30;           //设置 P1 为输出口
```

```
}
/****************************************************************
函数名称：main
功    能：程序主函数
入口参数：无
出口参数：无
返 回 值：无
****************************************************************/
void main(void)
{
  LED_Init();
  Timer1_Init();
  while(1);
}
```

任务二 利用定时器 T3 脉冲宽度调制控制 LED

一、任务描述

编写程序使用 CC2530 内部定时器 3 采用脉冲宽度调制控制 LED 的亮和灭的时间。

① 通电后，LED 按照配置定时器采用/计数器 T3 配置周期。

② 调整比较输出的值可改变脉冲宽度，控制 LED 亮/灭时间的改变。

二、任务目标

1. 训练目标

① 检验学生使用 CC2530 单片机定时器 3 进行定时和计数的技能。

② 检验学生利用占空比改变 LED 亮度的技能。

2. 素养目标

① 培养学生在工作现场的 6S 意识和用电安全意识。

② 爱惜工具，注重场地整洁。

③ 具备积极、主动的探索精神。

三、相关知识

1. 定时器 3 通道 1 捕获比较控制

通过 T3CCTL1 寄存器实现定时器 3 通道 1 捕获比较控制，如表 9.10 所示。

表 9.10 T3CCTL1 寄存器（比较模式）的描述

位	位名称	复位值	操作	描述
7	RFIRO	0	R/W	设置时使用 RF 捕获而不是常规捕获输入
6	IM	1	R/W	通道 1 中断屏蔽，设置时使能中断请求

（续表）

位	位名称	复位值	操作	描述
5:3	CMP[2:0]	000	R/W	通道 1 比较模式选择。当定时器的值等于在 T3CC1 中的比较值时选择操作输出。 000：比较设置输出。 001：比较清除输出。 010：比较切换输出。 011：向上比较设置输出，在定时器值为 0 时清除输出。 100：向上比较清除输出，在定时器值为 0 时设置输出
2	MODE	0	R/W	选择定时器 3 通道 1 比较或捕获模式。 0：捕获模式。 1：比较模式
1:0	CAP[1:0]	00	R/W	

配置 T3CCTL1.MODE = 1，模式为比较输出模式。T3CCTL1. CMP[2:0]用于选择操作输出模式，每种模式输出的时序逻辑不同。

```
T3CCTL1 = 0x24;          //配置定时器 3 通道 1 的比较输出
```

2. 定时器 3 通道 1 捕获比较控制值

定时器 3 通道 1 捕获比较控制值由 T3CC0 和 T3CC1 两个寄存器的值构成，其描述分别如表 9.11 和表 9.12 所示。

表 9.11　T3CC0 寄存器的描述

位	位名称	复位值	操作	描述
7:0	VAL[7:0]	0x00	R/W	定时器捕获/比较值通道 0。当 T3CCTL0.MODE=1（比较模式）时写该寄存器会导致。 T3CC0.VAL[7:0]更新到写入值延迟到 T3CNT.CNT[7:0]=0x00

表 9.12　T3CC1 寄存器的描述

位	位名称	复位值	操作	描述
7:0	VAL[7:0]	0x00	R/W	定时器捕获/比较值通道 1。当 T3CCTL1.MODE=1（比较模式）时写该寄存器会导致 T3CC1.VAL[7:0]更新写入值延迟到 T3CNT.CNT[7:0]=0x00

根据初始脉宽比例配置初始值，代码如下。

```
T3CC1 = 0xA0;
T3CC0 = 0xFF;
```

首先配置好 T3CC0 值，即比较输出计数值的上限，再配置对应通道的比较计数值 T3CC1，然后根据对应通道 T3CCTL1 控制寄存器设置的比较模式输出信号。

如图 9.1 所示，每个脉冲的总周期是 0x0000~T3CC0 的计时，定时器 3 通道 1 输出口 P1_4，输出高电平的时间为 0x0000~T3CC1 的计时。P1_4 外接的 LED 灯输出高电平时点亮。

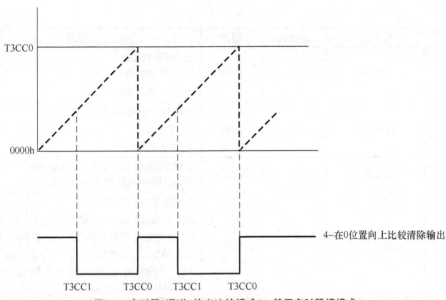

图9.1　定时器3通道1输出比较模式4，基于定时器模式

四、任务实施

1. 任务设计思路

选用定时器 3，在定时器的通道 1 上比较输出信号，通道 1 可在 P1_4 口输出，P1SEL 打开 P1_4 的外设功能。然后将定时器 3 的工作模式和计数值上限配置好，再配置 T3CCTL1 使能通道 1 的比较输出功能，并配置 T3CC1 通道 1 的比较值。

2. 代码设计

（1）定时器 3 初始化

1）设置定时器 3 的分频系数

定时器 3 的计数信号来自 CC2530 内部系统时钟信号的分频，可选择 1、2、4、8、16、32、64 或 128 分频。定时器 3 采用 8 位计数器，最大计数值为 0xFF，即 255。系统不配置工作时钟默认为 2 分频，即 16MHz RC 振荡器。

设置定时器 3 的分频系数需要使用 T3CTL 寄存器，通过设置 DIV[7:5]3 位的值为定时器选择分频系数，T3CTL 寄存器的描述如表 9.13 所示。

表 9.13　T3CTL（T3 控制寄存器）寄存器的描述

位	位名称	复位值	操作	描述
7:5	DIV[2:0]	000	R/W	定时器 3 分频设置。 000：1 分频。 001：2 分频。 010：4 分频。 011：8 分频。 100：16 分频。 101：32 分频。 110：64 分频。 111：128 分频

（续表）

位	位名称	复位值	操作	描述
4	START	0	R/W	启动定时器设置。 0：定时器暂停运行。 1：定时器正常运行
3	OVFIM	1	R/W	定时器溢出中断设置。 0：中断禁止。 1：中断使能
2	CLR	0	R0/W1	清除计数器，写 1 到 CLR 复位计数器到 0x00，并初始化相关通道所有的输出引脚
1:0	MODE[1:0]	00	R/W	定时器工作模式设置。 00：自由模式运行（自动重装 0x00~0xFF）。 01：倒计数模式运行（从 T3CC0~0x00 计数一次）。 10：模模式（反复从 0x00~T3CC0 计数）。 11：正计数/倒计数模式（反复从 0x00~ T3CC0 计数，再从 T3CC0~0x00 计数）

在本任务中，为定时器 3 选择 128 分频，设置代码如下。

```
T3CTL |= 0xE0;        //128 分频，128/16000000×N=0.5s，N=62500
T3CTL |= 0x02;        //配置为模模式
T3CTL |= 0x10;        //启动定时器 3

T3CCTL1 = 0x24;       //配置定时器 3 通道 1 的比较输出
T3CC1  = 0xA0;
T3CC0  = 0xFF;
```

2）设置定时器 3 的捕获/比较值

T3CCTL0 是定时器 3 通道 0 捕获/比较控制寄存器，T3CCTL0 寄存器的描述如表 9.14 所示。T3CC0 是定时器 3 的通道捕获/比较值寄存器，其描述如表 9.15 所示。

表 9.14　T 3CCTL0 寄存器的描述

位	位名称	复位值	操作	描述
7		0	R0	未使用
6		0	R/W	0：中断禁止。 1：中断使能
5:3		000	R/W	比较输出模式选择
2		0	R/W	0：捕获。 1：比较
1:0		00	R/W	00：没有捕获。 01：上升沿捕获。 10：下降沿捕获。 11：边沿捕获

表 9.15　T3CC0 寄存器的描述

位	位名称	复位值	操作	描述
7:0	VAL[7:0]	0x00	R/W	T3 通道 0 捕获/比较值

T3CCTL1 是定时器 3 通道 1 捕获/比较控制寄存器，其描述如表 9.16 所示。T3CC1 是定时器 3 通道 1 捕获/比较值寄存器，其描述如表 9.17 所示。

表 9.16 T 3CCTL1 寄存器的描述

位	位名称	复位值	操作	描述
7		0	R0	未使用
6		0	R/W	0：中断禁止。 1：中断使能
5:3		000	R/W	比较输出模式选择
2		0	R/W	0：捕获。 1：比较
1:0		00	R/W	00：没有捕获。 01：上升沿捕获。 10：下降沿捕获。 11：边沿捕获

表 9.17 T3CC1（T3 通道 1 捕获/比较值寄存器）的描述

位	位名称	复位值	操作	描述
7:0	VAL[7:0]	0x00	R/W	T3 通道 1 捕获/比较值

（2）呼吸灯效果的代码设计

采用配置 T3CC1 的方法动态调节占空比，由 H2Lflag 变量控制是由暗变亮模式还是由亮变暗模式，交替循环控制。

```
if(H2LFlag == 0x00)//由低亮到高亮
{
  if(h<253)              //亮度增加
    h++;
  else
  {
    H2LFlag = 0x01;//由高亮到低亮
  }
}
else
{
  if(h>1)              //亮度降低
    h--;
  else
  {
    H2LFlag = 0x00;//由低亮到高亮
  }
}
T3CC1 = h;              //当前亮度值
}
```

（3）程序初始化代码

对 LED 灯和定时器输出进行初始化，具体如下。

```
void LED_Init(void)
{

  P1SEL |= 0x10;        //设置 P1_4 为定时器 T3 通道 1 输出
  P1DIR |= 0x2B;
  P1  &= ~0x2B;
}
void Timer3_Init(void)
{
  T3CTL |= 0xE0;            //128 分频, 128/16000000×N=0.5s, N=62500
  T3CTL |= 0x02;            //配置为模模式
  T3CTL |= 0x10;            //启动定时器 3

  T3CCTL1 = 0x24;           //配置定时器 3 通道 1 的比较输出
  T3CC1   = 0xA0;
  T3CC0   = 0xFF;
}
```

五、考核与评价

利用定时器 3 脉冲宽度调制控制 LED 项目训练的评分标准如表 9.18 所示。

表 9.18 利用定时器 3 脉冲宽度调制控制 LED 项目训练的评分标准

一级指标	二级指标	分值	扣分点及扣分原因	扣分	得分
训练过程（80%）	计划与准备	10	做好测试前的准备，不进行清点接线、设备、材料等操作扣除 2 分	5	
			带电拔插元器件扣除 1 分	5	
	电路分析	20	CC2530 引脚功能	5	
			数据采集与 CC2530 引脚关系	5	
			时序与 CC2530 引脚关系	5	
			设置定时器 3 的工作模式和定时时间	5	
	代码设计	30	正确建立工程	5	
			编写流程图	5	
			程序设计，包括引用头文件、设计延时程序、初始化 I/O、定时器 3 的中断处理程序设计、主程序代码设计等	20	
	职业素养	10	编程过程中及结束后，桌面及地面不符合 6S 基本要求的扣除 3~5 分	10	
		10	对耗材浪费，不爱惜工具，扣除 3 分；损坏工具、设备扣除本大项的 20 分；选手发生严重违规操作或作弊，取消成绩	10	
训练结果（20%）	实作结果及质量	20	工艺和功能验证	10	
			撰写考核记录报告	10	
总计		100			

六、任务小结

本任务采用定时器 3 的通道 1 用硬件输出 PWM 信号，控制 LED 产生呼吸灯效果。本任务不同于任务一观察 LED 灯的闪烁间隔作为实验现象，而是具体应用到 PWM 的连续亮度调整功能，更具有实用价值。

软件也用查询方式和中断方式利用定时器 3 的通道 1 实现连续亮度动态调整。

利用定时器 3 脉冲宽度调制控制 LED 流程为：设置分频系数（T3CTL |= 0xE0;）→选择比较通道（T3CCTL1 = 0x24;）→设置比较模式（T3CTL |= 0x02;）→装入初值（T3CC0= 0xFF;）→设置占空比（T3CC1 = 0xA0;）→启动 T3 定时器（T3CTL |= 0x10;）。

注意

T3CCTL0 设置通道 0，T3CCTL1 设置通道 1。T3CC0 设定周期长度，T3CC1 设置修改占空比。

七、参考程序

```c
#include "ioCC2530.h"

#define uchar unsigned char
uchar h = 0x00;           //用于定时器计数
uchar H2LFlag = 0x00;

//LED 初始化程序
void LED_Init(void)
{

  P1SEL |= 0x10;      //设置 P1_4 为定时器 T3 通道 1 输出
  P1DIR |= 0x2B;
  P1 &= ~0x2B;
}
//定时器 T3 初始化程序
void Timer3_Init(void)
{
  T3CTL |= 0xE0;          //128 分频，128/16000000×N=0.5s, N=62500
  T3CTL |= 0x02;          //配置为模模式
  T3CTL |= 0x10;          //启动定时器 3

  T3CCTL1 = 0x24;          //配置定时器 3 通道 1 的比较输出
  T3CC1  = 0xA0;
  T3CC0  = 0xFF;
}
/************************************************************
函数名称：main
功  能：程序主函数
入口参数：无
出口参数：无
返回值：无
```

```
*********************************************************/
void main(void)
{
  uchar H2LFlag = 0;

  LED_Init();
  Timer3_Init();
  while(1)
  {
    if((TIMIF&0x04)>0)
    {
      TIMIF &= ~(1 << 2);
      if(H2LFlag == 0x00) //由低亮到高亮
      {
        if(h<253)              //亮度增加
          h++;
        else
        {
          H2LFlag = 0x01; //由高亮到低亮
        }
      }
      else
      {
        if(h>1)                //亮度降低
          h--;
        else
        {
          H2LFlag = 0x00;//由低亮到高亮
        }
      }
      T3CC1 = h;              //当前亮度值
    }
  }
}
```

八、启发与思考

```
#include "ioCC2530.h"

#define uchar unsigned char
uchar h = 0x00;             //用于定时器计数
uchar H2LFlag = 0x00;    //由高亮变低亮标志

//LED 初始化程序
void LED_Init(void)
{

  P1SEL |= 0x10;     //设置 P1_4 为定时器 T3 通道 1 输出
  P1DIR |= 0x2B;
```

```
    P1  &= ~0x2B;
}
//定时器 T3 初始化程序
void Timer3_Init(void)
{
    T3CTL |= 0xE0;              //128 分频,128/16000000×N=0.5s, N=62500
    T3CTL |= 0x02;             //配置为模模式
    T3CTL |= 0x08 ;            //开溢出中断
    T3IE = 1;                  //开总中断和 T3 中断

    T3CCTL1 = 0x64;           //配置 T3 通道 1 的比较输出
    T3CC1  = 0xA0;
    T3CC0  = 0xFF;

    T3CTL |= 0x10;            //启动 T3 定时器
    EA = 1;                   //开总中断
}


//定时器 T3 中断处理函数
#pragma vector = T3_VECTOR
__interrupt void T3_ISR(void)
{
    IRCON = 0x00;              //清中断标志, 也可由硬件自动完成
    if((TIMIF&0x04)>0)
    {
      TIMIF &= ~(1 << 2);
      if(H2LFlag == 0x00) //由低亮到高亮
      {
        if(h<253)             //亮度增加
          h++;
        else
        {
          H2LFlag = 0x01;//由高亮到低亮
        }
      }
      else
      {
        if(h>1)               //亮度降低
          h--;
        else
        {
          H2LFlag = 0x00;//由低亮到高亮
        }
      }
      T3CC1 = h;              //当前亮度值
    }
}
/*************************************************************
函数名称: main
功    能: 程序主函数
```

```
    入口参数：无
    出口参数：无
    返 回 值：无
*******************************************************************/
void main(void)
{
  LED_Init();
  Timer3_Init();
  while(1);
}
```

10 Chapter

CC2530

单元十
传感技术应用

📖 **本单元目标**

知识目标：

● 了解模拟量传感器的数据采集原理。

● 了解数字量传感器的数据采集原理。

● 掌握模拟量传感器的数据采集编程。

● 掌握数字量传感器的数据采集编程。

技能目标：

● 根据传感器采集的数据，利用继电器进行控制编程。

任务一 SHT10 温湿传感数据采集

一、任务描述

实现温湿度传感器数据的采集，并在 PC 利用串口调试软件显示采集的数据值。

二、任务目标

1. 训练目标

① 检验温湿度（数据型）传感器数据采集的技能。

② 检验 CC2530 单片机温湿度（数据型）传感器串口传输的技能。

2. 素养目标

① 培养学生在工作现场的 6S 意识和用电安全意识。

② 爱惜工具，注重场地整洁。

③ 具备积极、主动的探索精神。

三、相关知识

1. SHT10 温湿度传感器

利用 CC2530 的 I/O 口，通过 I^2C 通信读取温湿度传感器的数据，可以在串口调试软件显示采集到的温湿度值。

本任务的温湿度传感器主控器件采用瑞士 Sensirion 公司推出的 SHT10 单片数字温湿度集成 IC。该集成 IC 包括一个电容式聚合体测湿组件和一个能隙式测温组件，并与一个 14 位 A/D 转换器以及串行接口电路在同一芯片上实现无缝连接。SHT10 的内部结构如图 10.1 所示。

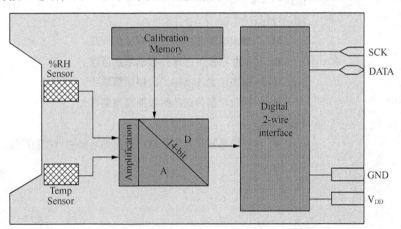

图10.1 SHT10的内部结构

在 SHT10 中，测温组件和测湿组件感知到的外界温湿度的模拟量将传输到内部的 A/D 组件，由 A/D 组件把模拟量转换为数字量传输到串行数据总线上。温湿度的测量数据需要通过一组测量命令来获取，SHT10 的命令集如表 10.1 所示。

表 10.1 SHT10 的命令集

命令	代码
保留	0000x
温度测量	00011
湿度测量	00101
读状态寄存器	00111
写状态寄存器	00110
预留	0101x~1110x
软复位,复位接口、清空状态寄存器,即清空为默认值, 下一次命令前等待至少 11ms	11110

2. SHT10 温湿度传感器采集值的计算

获取到的温湿度测量数还要通过相应的公式转换成对应的温湿度值。

相对湿度输出转换公式为:

$$RH_{linear}=C_1+C_2 \cdot SO_{RH}+C_3 \cdot SO^2_{RH}$$

其中,RH_{linear} 为 25℃时相对湿度的线性值,SO_{RH} 为传感器输出的相对湿度值,C_1、C_2、C_3 为系数。公式中各参数说明如表 10.2 所示。

表 10.2 相对湿度输出转换公式的参数说明

SO_{RH}	C_1	C_2	C_3
12 位	−4	0.0405	−2.8×10⁻⁶
8 位	−4	0.648	−7.2×10⁻⁴

温度输出转换公式为:

$$RH_{true}=d_1+d_2*SO_T$$

其中,RH_{true} 为实际温度,SO_T 为传感器输出的湿度数值,d_1、d_2 为系数,公式各参数说明如表 10.3 和表 10.4 所示。

表 10.3 温度输出转换公式参数说明 1

V_{DD}/V	d_1/℃	d_1/℉
5	−40.00	−40.00
4	−39.75	−39.55
3.5	−39.66	−39.39
3	−39.60	−39.28
2.5	−39.55	−39.19

表 10.4 温度输出转换公式参数说明 2

V_{DD}/V	d_2/℃	d_2/℉
14 位	0.01	0.018
12 位	0.04	0.072

四、任务实施

1. 电路分析

SHT10 温湿传感数据采集电路如图 10.2 所示。

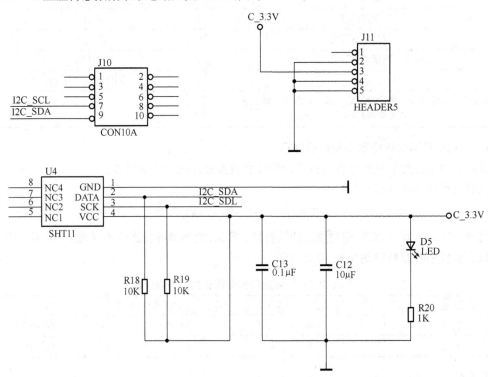

图10.2　SHT10温湿传感数据的采集电路

2. 代码设计

本程序主要完成的工作包括：首先，单片机发送命令给温湿度传感器，温湿度传感器再根据单片机的命令，执行温度和湿度的采集；然后，单片机读出相应的温度和湿度的数据，并把相关数据发送到 PC；最后，通过 PC 获取采集到的温度和湿度数据，并计算转换为具体的温湿度值。为了便于理解，将内容分为 3 个部分：各模块的初始化，单片机控制温湿度传感器采集温度和湿度，把采集的数据发送到 PC。

（1）各模块的初始化

因为温湿度传感器只需要将 DATA 引脚和 SCK 引脚与单片机相连，所以使用单片机的 P0_6 和 P0_7 引脚分别连接到 DATA 和 SCK 引脚，并且给两个引脚发送相应的时序，以便控制温湿度传感器。串口初始化代码如下。

```
void initUARTtest(void)
{
CLKCONCMD &= 0x80;              //晶振 32MHz

  PERCFG = 0x00;               //位置1 P0 口
  P0SEL = 0x0C;               //P0 用作串口
```

```
U0CSR |= 0x80;//UART 模式
U0GCR |= 8;
U0BAUD |= 59;//波特率设为 9 600 波特
UTX0IF = 1;
U0CSR |= 0X40;//允许接收
IEN0 |= 0x84;//开总中断，接收中断
}
```

（2）温度和湿度的采集：

SHT10 温湿度传感器有 4 个引脚：GND、DATA、SCK、VDD。图 10.3 所示为传感器的典型应用电路，也是它与单片机的连接方式。

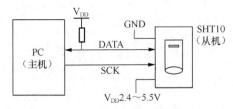

图10.3 典型应用电路

温湿度传感器芯片采用 SHT10。

SHT10 的 DATA 口接 CC2530 的 P0_6 //定义通信数据端口
SHT10 的 SCK 口接 CC2530 的 P0_7 //定义通信时钟端口
SHT10 的 V_{DD} 口接 CC2530 的 VCC //2.4～3.3V 供电（SHT10 的 "电量不足" 功能可监测到 V_{DD} 电压低于 2.47V 的状态。精度为 0.05V。）
SHT10 的 GND 口接 CC2530 的 GND//地

在本任务中，SHT10 的 DATA 和 SCK 引脚与单片机的 P0_6 和 P0_7 引脚相连。因此，只要通过 P0_6 和 P0_7 引脚向 SHT10 发送相应的时序，就能驱动 SHT10 进行采样，并返回采样数据。传感芯片上集成了一个可通断的加热元件。接通后，可将 SHTxx 的温度提高大 5℃～15℃（9℉～27℉）。应用如下。

① 比较加热前后的温度和湿度值，可以综合验证两个传感器元件的性能。

② 在高湿度（>95%RH）环境中，加热传感器可防止凝露，同时缩短其响应时间，提高测量精度。

 注意

加热后较之加热前，SHTxx 将显示温度值略有升高、相对湿度值稍有降低。

要驱动 SHT10 进行采样，必须发送如下命令。首先，向 SHT10 发送"启动传输"时序，完成数据传输的初始化。如图 10.4 所示，时序包括当 SCK 时钟高电平时，DATA 翻转为低电平；紧接着 SCK 变为低电平，随后在 SCK 时钟高电平时，DATA 翻转为高电平。初始化之后，单片机便可以向 SHT10

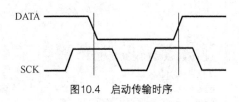

图10.4 启动传输时序

发送命令。通常的命令包括 3 个地址位（目前只支持"000"）和 5 个命令位，具体将在后面的代码中进行介绍。SHT10 会以下述方式表示已正确的接收到命令：在第 8 个 SCK 时钟的下降沿之后，

将 DATA 下拉为低电平，并且在第 9 个 SCK 时钟的下降沿之后，将 DATA 位恢复为高电平。

启动传输程序，具体代码如下。

```
void s_transstart(void)
//-----------------------------------------------------------------
// 启动传输
//             _____          _____
// DATA:      |_____|
//              __   __
// SCK : ___|   |___|   |_____
{
P0DIR = 0xC0;
DATA=1; SCK=0;
delay1Us(1);
SCK=1;
delay1Us(1);
DATA=0;
delay1Us(1);
SCK=0;
delay1Us(3);
SCK=1;
delay1Us(1);
DATA=1;
delay1Us(1);
SCK=0;
}
```

启动传输程序完成之后，SHT10 便会以串行数据的方式与单片机通信。DATA 三态门用于数据的读取，DATA 在 SCK 时钟下降沿之后改变状态，并仅在 SCK 时钟上升沿有效。数据传输期间，当 SCK 时钟高电平时，DATA 必须保持稳定。为了避免信号冲突，单片机应驱动 DATA 在低电平。

向传感器发送数据需要注意时序，在上升沿之前把数据写入，上升沿时数据有效，在下降沿时把数据发送给传感器。数据发送的相关代码如下。

```
char s_write_byte(unsigned char value)
// 写字节函数
{
char i;
char error=0;
P0DIR=0xC0;
SCK=0;
DATA=0;
for(i=0;i<8;i++)   //发送 8 位数据，从机将在上升沿读取数据
{
SCK=0;
if(value&(0x80>>i))
DATA=1;
else
DATA=0;
delay1Us(1);
SCK=1;
delay1Us(1);
```

```
}
SCK=0;      //在接下来的上升沿读取从机发送的"已收到"信号。
P0DIR=0x80;
delay1Us(1);
SCK=1;
delay1Us(1);
error = DATA;
delay1Us(1);
SCK=0;
P0DIR=0xC0;;
return error;
}
```

如果任务中与 SHT10 的通信中断，下列信号时序可以复位串口。

当 DATA 保持高电平时，触发 SCK 时钟 9 次或更多。在下一次命令前，发送一个"传输启动"时序，如图 10.5 所示。这些时序只复位串口，状态寄存器内容仍然保留。

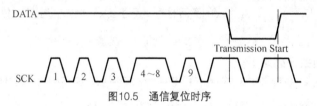

图10.5　通信复位时序

数字信号的整个传输过程由 8 位校验确保正确。任何错误数据将被检测到并清除。

从传感器读数据，同样要注意时序，只有在上升沿数据有效后才能读。读数据的相关代码如下。

```
char s_read_byte(unsigned char ack)
// 读数据;
{
unsigned char i,val=0;
P0DIR |= 0x80;
P0DIR &= 0xBF;
SCK=0;
for (i=0x80;i>0;i>>=1)            //右移位
{
SCK=1;
delay1Us(1);
if (DATA)
val=(val | i);       //读数据线的值
SCK=0;
delay1Us(1);
}
P0DIR |= 0xC0;
DATA=!ack;                        //如果是校验，读取完后结束通信
SCK=1;
delay1Us(3);
SCK=0;
DATA=1;                           //释放数据线
return val;
}
```

温湿度的测量过程如下。CC2530 发布一组测量命令后（"00000001"表示测量相对湿度，"00000010"表示测量温度），传感器开始采集数据。对应 8、12、14 位 3 种不同的测量，这个过程分别需要大约 20ms、80ms、320ms。SHT10 通过下拉 DATA 至低电平并进入空闲模式，表示测量结束。单片机在触发 SCK 时钟来读取数据前，必须等待"数据备妥"信号。检测数据可以先被存储，这样单片机可以继续执行其他任务，在需要时再读出数据。在收到"数据备妥"信号之后，传输 2B 的测量数据和 1B 的 CRC 奇偶校检数据。单片机需要通过下拉 DATA 为低电平，以确认每字节。所有的数据都从 MSB 开始，右值有效。例如，对于 12 位数据，从第 5 个 SCK 时钟起算作 MSB；而对于 8 位数据，首字节、无意义。用 CRC 数据的确认位，表明通信结束。如果不使用 CRC 校验，控制器可以在测量值 LSB 后，通过保持确认位 ACK 高电平，来中止通信。在测量和通信结束后，SHT10 自动转入休眠模式。

 注 意

为保证自身温升低于 0.1℃，SHTxx 的激活时间不超过 10%。例如，对应 12 位精度测量，每秒最多进行 2 次测量。

温湿度测量的相关代码如下。

```
char s_measure(unsigned char *p_value, unsigned char *p_checksum, unsigned
char mode)
// 进行温度或湿度转换，由参数 mode 决定转换内容
{
unsigned error=0;
unsigned char i;
s_transstart();              //启动传输
switch(mode)
{
case 0x02 : error+=s_write_byte(MEASURE_TEMP); break;
case 0x01 : error+=s_write_byte(MEASURE_HUMI); break;
default : break;
}
P0DIR |= 0x80;
P0DIR &= 0xBF;
while(DATA); //等待测量结束
if(DATA) error+=1;              //如果数据线长时间没有拉低，则说明测量错误
*(p_value)  =s_read_byte(ACK);   //读第一个字节，高字节（MSB）
*(p_value+1)=s_read_byte(ACK);    //读第二个字节，低字节（LSB）
*p_checksum =s_read_byte(noACK);  //读 CRC 校验码
return error;
}
```

（3）把采集的数据发送到 PC

单片机在获取温湿度数据之后，将数据发送给 PC，并通过 PC 计算具体的温湿度值。获取数据的函数如下。

```
void calc_sth11(float *p_humidity ,float *p_temperature)
//-----------------------------------------------------------
//补偿及输出温度和相对湿度
{
const float C1=-4.0;                // 12 位湿度修正公式
```

```
const float C2=+0.0405;           // 12 位湿度修正公式
const float C3=-0.0000028;         // 12 位湿度修正公式
const float T1=+0.01;             // 14 位温度修正公式
const float T2=+0.00008;          // 14 位温度修正公式
float rh=*p_humidity;
float t=*p_temperature;
float rh_lin;
float rh_true;
float t_C;
t_C=t*0.01-39.66;                 //补偿温度
rh_lin=C3*rh*rh + C2*rh + C1;      //相对湿度非线性补偿
rh_true=(t_C-25)*(T1+T2*rh)+rh_lin;    //相对湿度对于温度依赖性补偿
if(rh_true>100)rh_true=100;       //湿度最大修正
if(rh_true<0.1)rh_true=0.1;       //湿度最小修正
*p_temperature=t_C;                   //返回温度结果
*p_humidity=rh_true;                  //返回湿度结果
}
//----------------------------------------------------------
float calc_dewpoint(float h,float t)
//----------------------------------------------------------
// 计算绝对湿度值
{
float logEx,dew_point;
logEx=0.66077+7.5*t/(237.3+t)+(log10(h) -2);
dew_point = (logEx-0.66077)*237.3/(0.66077+7.5-logEx);
return dew_point;
}
```

　　以上是此任务的各个模块的分析，下面介绍工作流程。首先，主函数初始化各模块；然后向传感器发送命令，传感器把采集的数据发送给单片机；最后，单片机通过串口把数据发送给 PC。主程序的代码如下。

```
void main(void)
{
    unsigned char error,checksum;
    unsigned char HUMI,TEMP;
    HUMI=0X01;
    TEMP=0X02;

    initUARTtest();    //初始化串口
    s_connectionreset();
    while(1)
    {
        error=0;
        error+=s_measure((unsigned char*) &humi_val.i,&checksum,HUMI);
        //湿度测量
        error+=s_measure((unsigned char*) &temp_val.i,&checksum,TEMP);
        //温度测量

        temp_value = temp_val.i * 0.01 - 39.6;
        sprintf(temp_result,"%s","temperature: ");
```

```
UartTX_Send_String(temp_result, 13);
sprintf(temp_result,"%9.2f",temp_value);
temp_result[9] = '\n';
UartTX_Send_String(temp_result, 10);

humi_value = humi_val.i * 0.0367 - 2.0468;
sprintf(humi_result,"%s","humidity: ");
UartTX_Send_String(humi_result, 10);
sprintf(humi_result,"%9.4f",humi_value);
humi_result[9] = '\n';
UartTX_Send_String(humi_result, 10);

if(error!=0)
{
    s_connectionreset() ; //如果发生错误，系统复位
    led1 =  !led1;
    led2 =  !led2;
}
else
{
    humi_val.f=(float)humi_val.i;                 //转换为浮点数
    temp_val.f=(float)temp_val.i;                 //转换为浮点数
    calc_sth11(&humi_val.f,&temp_val.f);          //修正相对湿度及温度
}
Delay1(50000);                    //延时
    }
}
```

打开串口调试软件，选择相应的串口，通过 PC 的设备管理器查看串口，设置波特率为 9 600 波特，校验位 NONE，数据位为 8，停止位为 1。根据温湿度的变化，可在 PC 的串口调试终端上显示不同的温湿度数据，运行结果如图 10.6 所示。

图10.6　温湿度采集结果示意

注意

SHT10 温湿度传感器的左侧是温度，手摸可以改变温度数据。SHT10 温湿度传感器的右侧是湿度，哈气可以改变湿度数据。

五、考核与评价

SHT10 温湿传感数据采集项目训练的评分标准如表 10.5 所示。

表 10.5　SHT10 温湿传感数据采集项目训练的评分标准

一级指标	二级指标	分值	扣分点及扣分原因	扣分	得分
训练过程（<u>80%</u>）	计划与准备	10	做好测试前的准备，不进行清点接线、设备、材料等操作扣除 2 分	5	
			带电拔插元器件扣除 1 分	5	
	电路分析	20	CC2530 引脚功能	5	
			数据采集与 CC2530 引脚关系	5	
			时序与 CC2530 引脚关系	5	
			设置采集的数据引脚和时序引脚	5	
	代码设计	30	正确建立工程	5	
			编写流程图	5	
			程序设计，包括引用头文件、设计延时程序、初始化 I/O、温湿度测量程序、通信程序、主程序代码设计等	20	
	职业素养	10	编程过程中及结束后，桌面及地面不符合 6S 基本要求的扣除 3~5 分	10	
		10	对耗材浪费，不爱惜工具，扣除 3 分；损坏工具、设备扣除本大项的 20 分；选手发生严重违规操作或作弊，取消成绩	10	
训练结果（<u>20%</u>）	实作结果及质量	20	工艺和功能验证	10	
			撰写考核记录报告	10	
总计		100			

六、任务小结

一个模块中包括两个文件，一个是“.h”文件，另一个是“.c”文件

“.h”文件是一个接口描述文件，其内部一般不包含任何实质性的函数代码，主要对外提供接口函数或接口变量。头文件构成原则为：为外界不应知道的信息就不应该出现在头文件，而外界调用模块内部接口函数或接口变量所必需的信息一定要出现在头文件里。

“.c”文件主要是对“.h”文件中声明的外部函数进行具体的实现，对具体实现方式没有特殊规定，只要能实现其函数功能即可。

七、参考程序

```
include "ioCC2530.h"

#include <string.h>
#include "sht10.h"
#include <stdio.h>

//#define uint unsigned int
//#define uchar unsigned char
//#define Uint16 unsigned int
//定义控制灯的端口
#define led1 P1_0
#define led2 P1_1

//函数声明
void Delay1(uint);
void initUARTtest(void);
void UartTX_Send_String(char *Data,int len);
void initLED(void);

union
{ unsigned int i;
  float f;
}humi_val,temp_val; //定义两个共同体，一个用于湿度，一个用于温度

char temp_result[15] = {0};
float temp_value = 0;

char humi_result[15] = {0};
float humi_value = 0;

/****************************************************************
*函数功能：主函数
*入口参数：无
*返 回 值：无
*说    明：无
****************************************************************/
void main(void)
{
    unsigned char error,checksum;
    unsigned char HUMI,TEMP;
    HUMI=0X01;
    TEMP=0X02;

    initUARTtest();    //初始化串口
    s_connectionreset();
    while(1)
    {
```

```
        error=0;
        error+=s_measure((unsigned char*) &humi_val.i,&checksum,HUMI);
        //湿度测量
        error+=s_measure((unsigned char*) &temp_val.i,&checksum,TEMP);
        //温度测量

        temp_value = temp_val.i * 0.01 - 39.6;
        sprintf(temp_result,"%s","temperature: ");
        UartTX_Send_String(temp_result, 13);
        sprintf(temp_result,"%9.2f",temp_value);
        temp_result[9] = '\n';
        UartTX_Send_String(temp_result, 10);

        humi_value = humi_val.i * 0.0367 - 2.0468;
        sprintf(humi_result,"%s","humidity: ");
        UartTX_Send_String(humi_result, 10);
        sprintf(humi_result,"%9.4f",humi_value);
        humi_result[9] = '\n';
        UartTX_Send_String(humi_result, 10);

        if(error!=0)
        {
            s_connectionreset() ; //如果发生错误，系统复位
            led1 = !led1;
            led2 = !led2;
        }
        else
        {
            humi_val.f=(float)humi_val.i;                    //转换为浮点数
            temp_val.f=(float)temp_val.i;                    //转换为浮点数
            calc_sth11(&humi_val.f,&temp_val.f);             //修正相对湿度及温度
        }
        Delay1(50000);                          //延时
    }
}

/*****************************************************************
*函数功能：延时
*入口参数：定性延时
*返 回 值：无
*说     明：
*****************************************************************/
void Delay1(uint n)
{
    uint i;
    for(i=0;i<n;i++);
    for(i=0;i<n;i++);
    for(i=0;i<n;i++);
    for(i=0;i<n;i++);
    for(i=0;i<n;i++);
```

```
}

/*******************************************************************
*函数功能: 初始化串口1
*入口参数: 无
*返 回 值: 无
*说    明: 9600-8-n-1
*******************************************************************/
void initUARTtest(void)
{

  CLKCONCMD &= 0x80;              //晶振 32MHz

  PERCFG = 0x00;                  //位置 1 P0 口
  P0SEL = 0x0C;                   //P0 用作串口


  U0CSR |= 0x80;                      //UART 模式
  U0GCR |= 8;
  U0BAUD |= 59;                       //波特率设为 9 600 波特
  UTX0IF = 1;

  U0CSR |= 0X40;                      //允许接收
  IEN0 |= 0x84;                       //开总中断, 接收中断
}


/*******************************************************************
*函数功能: 串口发送字符串函数
*入口参数: data: 数据
*          len: 数据长度
*返 回 值: 无
*说    明:
*******************************************************************/
void UartTX_Send_String(char *Data,int len)
{
  int j;
  for(j=0;j<len;j++)
  {
   U0DBUF = *Data++;
   while(UTX0IF == 0);
   UTX0IF = 0;
  }
}
```

在 SHT10.c 程序中, 具体代码如下。

```
#include <math.h>
#include "sht10.h"


/*******************************************************************
* @fn     delay1Us
```

```
*
* @brief    wait for x us. @ 32MHz MCU clock it takes 32 "nop"s for 1 us delay.
*
* @param    x us. range[0-65536]
*
* @return    延时约为0.4us
*******************************************************************/
void delay1Us(Uint16 microSecs)
{
  while(microSecs--)
  {
    /* 32 NOPs == 1 usecs */
    asm("nop"); asm("nop"); asm("nop"); asm("nop"); asm("nop");
    asm("nop"); asm("nop"); asm("nop"); asm("nop"); asm("nop");
    asm("nop"); asm("nop"); asm("nop"); asm("nop"); asm("nop");


  }
}
/*****************************************************************
延时1μs带参数(int)子程序
*****************************************************************/
void delay (unsigned int time){
unsigned int a;
for(a=0;a<time;a++)
{
    asm("nop"); asm("nop"); asm("nop"); asm("nop"); asm("nop");
    asm("nop"); asm("nop"); asm("nop"); asm("nop"); asm("nop");
    asm("nop"); asm("nop"); asm("nop"); asm("nop"); asm("nop");
    asm("nop"); asm("nop"); asm("nop"); asm("nop"); asm("nop");
    asm("nop"); asm("nop"); asm("nop"); asm("nop"); asm("nop");
    asm("nop"); asm("nop"); asm("nop"); asm("nop"); asm("nop");
    asm("nop"); asm("nop");
}
}


//---------------------------------------------------------------
void s_connectionreset(void)
//---------------------------------------------------------------
// 连接复位;
//              _____ ____
// DATA:                                                   |_____|
//
//         __ _ __ _ __ _ __ _ __ _ __ _ __ _ __ _ __ _ __ _ __
// SCK : __| |__| |__| |__| |__| |__| |__| |__| |__| |__| |__
{
  unsigned char i;

  P0DIR |= 0xC0;

  DATA=1; SCK=0;              //准备
  for(i=0;i<9;i++)    //DATA保持高,SCK时钟触发9次,发送启动传输,通信即复位
```

```
      { SCK=1;
        SCK=0;
      }
      s_transstart();                    //启动传输
    }
    //------------------------------------------------------------
    void s_transstart(void)
    //------------------------------------------------------------
    //启动传输
    //            _____          _____
    // DATA:      |_____|
    //              ___    ___
    // SCK :  ___|   |__|   |   |_____
    {
      P0DIR |= 0xC0;

      DATA=1; SCK=0;
      delay1Us(1);
      SCK=1;
      delay1Us(1);
      DATA=0;
      delay1Us(1);
      SCK=0;
      delay1Us(3);
      SCK=1;
      delay1Us(1);
      DATA=1;
      delay1Us(1);
      SCK=0;
    }
    //------------------------------------------------------------
    char s_measure(unsigned char *p_value, unsigned char *p_checksum, unsigned
char mode)
    //------------------------------------------------------------
    // 进行温度或者湿度转换，由参数 mode 决定转换内容
    {
      unsigned error=0;
      s_transstart();                    //启动传输
      switch(mode){
        case 0x02 : error+=s_write_byte(MEASURE_TEMP); break;
        case 0x01 : error+=s_write_byte(MEASURE_HUMI); break;
        default : break;
      }
      P0DIR |= 0x80;
      P0DIR &= 0xBF;
    // for (i=0;i<110;i++){
    //   delay(2000);
    // if(DATA==0) break; //等待测量结束
    //  }
      while(DATA); //等待测量结束
```

```c
   if(DATA) error+=1;                    //如果长时间数据线没有拉低，说明测量错误
   *(p_value+1) =s_read_byte(ACK);   //读第一个字节，高字节（MSB）
   *(p_value)=s_read_byte(ACK);      //读第二个字节，低字节（LSB）
   *p_checksum =s_read_byte(noACK);  //读 CRC 校验码
   //UartTX_Send_String(p_value,2);
   return error;
}
//----------------------------------------------------------------
char s_write_byte(unsigned char value)
//----------------------------------------------------------------
//写字节函数
{
  char i;
  char error=0;

  P0DIR |= 0xC0;

  SCK=0;
  DATA=0;
 for(i=0;i<8;i++)   //发送 8 位数据，从机将在上升沿读取数据
  {
  SCK=0;
  if(value&(0x80>>i))
   DATA=1;
  else
   DATA=0;
  delay1Us(1);
  SCK=1;
  delay1Us(1);
  }

  SCK=0;       //在接下来的上升沿读取从机发送的"已收到"信号
  P0DIR |= 0x80;
  P0DIR &= 0xBF;
  delay1Us(1);
  SCK=1;
  delay1Us(1);
  error = DATA;
  delay1Us(1);
  SCK=0;

  P0DIR |= 0xC0;
  return error;

}
//----------------------------------------------------------------
char s_read_byte(unsigned char ack)
//----------------------------------------------------------------
//读数据;
{
```

```
  unsigned char i,val=0;

  //DATA=1; //数据线为高电平

  P0DIR |= 0x80;
  P0DIR &= 0xBF;
  SCK=0;
  for (i=0x80;i>0;i>>=1)                //右移位
  {
    SCK=1;
    delay1Us(1);
    if (DATA)
      val=(val | i);         //读数据线的值
      SCK=0;
      delay1Us(1);
  }

  P0DIR |= 0xC0;
  DATA=!ack;                  //如果是校验，读取完后结束通信
  SCK=1;
  delay1Us(3);
  SCK=0;
  DATA=1;                     //释放数据线
  return val;
}
//---------------------------------------------------------------
void calc_sth11(float *p_humidity ,float *p_temperature)
//---------------------------------------------------------------
// 补偿及输出温度和相对湿度
{ const float C1=-4.0;                // 12 位湿度修正公式
  const float C2=+0.0405;             // 12 位湿度修正公式
  const float C3=-0.0000028;          // 12 位湿度修正公式
  const float T1=+0.01;               // 14 位温度修正公式
  const float T2=+0.00008;            // 14 位温度修正公式
  float rh=*p_humidity;
  float t=*p_temperature;
  float rh_lin;
  float rh_true;
  float t_C;
  t_C=t*0.01 - 39.66;                 //补偿温度
  rh_lin=C3*rh*rh + C2*rh + C1;     //相对湿度非线性补偿
  rh_true=(t_C-25)*(T1+T2*rh)+rh_lin;   //相对湿度对于温度依赖性补偿
  if(rh_true>100)rh_true=100;         //湿度最大修正
  if(rh_true<0.1)rh_true=0.1;         //湿度最小修正
  *p_temperature=t_C;                      //返回温度结果
  *p_humidity=rh_true;                     //返回湿度结果
  //UartTX_Send_String((int*)&t_C,1);
  //UartTX_Send_String((int*)&rh_true,1);
}
//---------------------------------------------------------------
```

```
float calc_dewpoint(float h,float t)
//----------------------------------------------------------------
// 计算绝对湿度值
{float logEx,dew_point;
  logEx=0.66077+7.5*t/(237.3+t)+(log10(h)-2);
  dew_point = (logEx - 0.66077)*237.3/(0.66077+7.5-logEx);
  return dew_point;
}
```

在 Sht10.h 程序中，代码具体如下。

```
#ifndef SHT10_H
#define SHT10_H

#include <ioCC2531.h>
#include <string.h>

#define DATA    P0_6      //定义通信数据端口
#define SCK     P0_7      //定义通信时钟端口
#define noACK 0          //继续传输数据，用于判断是否结束通信
#define ACK   1          //结束数据传输；
                                    //地址   命令
#define MEASURE_TEMP 0x03  //000    00011
#define MEASURE_HUMI 0x05    //000    00101

#define uint unsigned int
#define uchar unsigned char
#define Uint16 unsigned int


void delay1Us(Uint16 microSecs);
void init_uart(void);
void s_connectionreset(void);
void s_transstart(void);
char s_measure(unsigned char *p_value, unsigned char *p_checksum, unsigned
char mode);
char s_write_byte(unsigned char value);
char s_read_byte(unsigned char ack);
void calc_sth11(float *p_humidity ,float *p_temperature);
float calc_dewpoint(float h,float t);
void delay (unsigned int time);

#endif
```

八、启发与思考

DHT11 程序采用模块化编程思想，只需调用温度读取函数即可，相当方便，移植到其他平台也非常容易。P0_6 的配置和 DHT11 使用 P0_6 的方法具体如下。

在 DHT11.c 中修改，如下代码。

```
P0DIR |= 0x80;//定义 P0_7 为输入
```

```
PODIR &= 0xBF;///定义 P0_6 为输出
```

在 DHT11.h 中修改，如下代码。

```
#define DATA    P0_6//定义通信数据端口
#define SCK     P0_7//定义通信时钟端口
```

在串口初始化程序中修改 PERCFG 和 PxSEL 的值。

```
void initUAR (void)
{

    CLKCONCMD &= 0x80;           //晶振 32MHz

    PERCFG = 0x00;               //位置 1 串口 0
    P0SEL |= 0x0C;               //P1 用作串口

    U0CSR |= 0x80;               //UART 模式
    U0GCR |= 8;
    U0BAUD |= 59;                //波特率设为 9 600 波特
    UTX0IF = 1;

    U0CSR |= 0X40;               //允许接收
    IEN0 |= 0x84;                //开总中断，接收中断
}
```

注 意

　　必须采用同样的晶振配置，才能保证采集时序的有效性。如果没有采集到数值，一般是因为时序脉宽过小导致的。

任务二　光传感数据采集

一、任务描述

　　采用光敏传感和 CC2530 组成一个模拟量传感器采集系统，当光敏传感器检测到光的强度时，启动 ADC 转换，转换为数字量。

二、任务目标

1. 训练目标

① 检验光敏传感器数据采集的技能。

② 检验光敏传感数据串口传输的技能。

2. 素养目标

① 培养学生在工作现场的 6S 意识和用电安全意识。

② 爱惜工具，注重场地整洁。

③ 具备积极、主动的探索精神。

三、相关知识

1. 光敏传感器的工作原理

光敏传感器内装有一个高精度的光电管,光电管内有一块由"针式二极管"组成的小平板,当向光电管两端施加一个反向的固定压时,任何光对它的冲击都将导致其释放出电子,结果是,当光照强度越高,光电管的电流也就越大,电流通过一个电阻时,电阻两端的电压被转换成可被采集器的数/模转换器接收的 0~5V 电压,然后以适当的形式把结果保存下来。简单地说,光敏传感器就是利用光敏电阻受光线强度影响而阻值发生变化的原理,向主机发送光线强度的模拟信号。

2. 光敏传感器的组成

(1)敏感元件

它能直接感受被测非电量,并按一定规律将其转换成与被测非电量有确定对应关系的其他物理量。

(2)转换元件

将敏感元件输出的非电物理量(如光强等)转换成电路参量。

(3)信号调节(转换)电路

将转换器件输出的电信号进行放大、运算、处理等,以获得便于显示、记录、处理和控制的有用电信号。

(4)辅助电源

它的作用是提供能源。有的传感器需要外部电源供电;有的传感器则不需要外部电源供电,如压电传感器。

四、任务实施

1. 电路分析

本任务使用 P0_0 作为检测引脚,利用光敏传感器进行数据采集,启动 ADC 转换。

2. 代码设计

(1)ADC 初始化

ADC 初始化,代码具体如下。

```
void hal_adc_Init(void)
{
    APCFG  |=1;
    P0SEL  |= (1 << (0));
    P0DIR  &= ~(1 << (0));

}
```

(2)光传感器数据采集数据

光传感器数据采集数据,代码具体如下。

```
uint16 get_adc(void)
{
    uint32 value;
    hal_adc_Init(); // ADC 初始化
```

```
ADCIF = 0;    //清 ADC 中断标志
//采用基准电压 AVDD5:3.3V, 通道 0, 启动 A/D 转化
ADCCON3 = (0x80 | 0x10 | 0x00);
while ( !ADCIF )
{
  ;  //等待 A/D 转换结束
}
value = ADCH;
value = value<< 8;
value |= ADCL;
// A/D 值转换成电压值
// 0 表示 0V , 32 768 表示 3.3V
// 电压值 = (value*3.3)/32768 (V)
value = (value * 330);
value = value >> 15;   //除以 32 768
// 返回分辨率为 0.01V 的电压值
return(uint16)value;
}
```

五、考核与评价

光传感数据采集项目训练的评分标准如表 10.6 所示。

表 10.6 光传感数据采集项目训练的评分标准

一级指标	二级指标	分值	扣分点及扣分原因	扣分	得分
训练过程（80%）	计划与准备	10	做好测试前的准备，不进行清点接线、设备、材料等操作扣除 2 分	5	
			带电拔插元器件扣除 1 分	5	
	电路分析	20	CC2530 引脚功能	5	
			设置 ADC 数据采集引脚	5	
			ADC 初始化	10	
	代码设计	30	正确建立工程	5	
			编写流程图	5	
			程序设计，包括引用头文件、设计延时程序、初始化 I/O、ADC 数据采集程序设计、主程序代码设计等	20	
	职业素养	10	编程过程中及结束后，桌面及地面不符合 6S 基本要求的扣除 3~5 分	10	
		10	对耗材浪费，不爱惜工具，扣除 3 分；损坏工具、设备扣除本大项的 20 分；选手发生严重违规操作或作弊，取消成绩	10	
训练结果（20%）	实作结果及质量	20	工艺和功能验证	10	
			撰写考核记录报告	10	
总计		100			

六、任务小结

本任务使用 P0_0 作为检测引脚，利用光敏传感器进行数据采集，启动 ADC 转换。

对于不同厂家的 ADC 转换，主要修改 APCFG 和 ADCCON3 的值，实现程序代码的移植性和通用性。

设置该端口模拟 IO 口使用（APCFG |= 0x01;）。

查询实现，ADC 数据采集步骤为：设置参考电压（ADCCON3 |= 0x80（采用 AVDD5 引脚，即 3.3V））→选择抽取率（ADCCON3 |= 0x10（采用 9 位采样））→选择工作通道并启动 ADCCON3 |= 0x00（采用 0 通道启动，共 16 个通道），其中 ADCCON3 |= 0x00 通道 0~7 对应 P0_0~P0_7；ADC 数据采集只能利用 P0 口实现。

如果采用定时器 1 中断实现，ADC 数据采集步骤为：串口位置（PERCFG）→串口 TX/RX 引脚（PxSEL）→模式选择（U0CSRI=0x80;//UART 模式）→波特率（U0BAUD=216 和 U0GCR |= 10）→清除 TX 中断标志（UTX0IF = 0;）→全局中断打开（EA = 1）。中断处理程序步骤为：禁止全局中断（EA = 0;）→清除通道 0 中断标志（T1STAT &= ~0x01;）→使能全局中断（EA = 1;）。

七、参考程序

以查询方式实现光敏传感器数据采集 ADC 程序，具体代码如下。

```
#include "ioCC2530.h"   //引用头文件,包含对 CC2530 的寄存器、中断向量等的定义
#include <string.h>
/*********************************************************/
//定义 LED 灯端口
#define LED1 P1_0        // P1_0 定义为 LED1

typedef unsigned short uint16;
typedef unsigned long uint32;
typedef unsigned int uint;

unsigned int flag,counter=0; //统计溢出次数
char s[6];//定义一个数组的大小为 6
/*********************************************************/
void InitLED()
{
  P1SEL&=~0X01;           //P1_0 设置为普通的 IO 口   1111 1110
  P1DIR |= 0x01;   /* 配置 P1_0 的方向为输出 */
  LED1=0;
}
/*********************************************/
void hal_adc_Init(void)
{
  APCFG  |=1;
  P0SEL  |= (1 << (0));
  P0DIR  &= ~(1 << (0));

}
/*********************************************************/
```

```
 * 名称:          get_adc
 * 功能:          读取 A/D 值
 * 入口参数:      无
 * 出口参数:      16 位电压值, 分辨率为 10mV, 如 0x0102 表示 2.58V
 **********************************************************************/
uint16 get_adc(void)
{
  uint32 value;
  hal_adc_Init();// ADC 初始化
  ADCIF = 0;          //清 ADC 中断标志

  ADCCON3 = (0x80 | 0x10 | 0x00); //采用基准电压 AVDD5:3.3V, 通道 0, 启动 A/D 转化
  while ( !ADCIF )
  {
      ;   //等待 A/D 转化结束
  }
  value = ADCH;
  value = value<< 8;
  value |= ADCL;
  // A/D 值转化成电压值
  // 0 表示 0V, 32 768 表示 3.3V
  // 电压值 =(value*3.3)/32768 (V)
  value =(value * 330);
  value = value >> 15;    //除以 32 768
  // 返回分辨率为 0.01V 的电压值
  return (uint16)value;
}
/*************串口通信初始化********************************************/
void initUART0(void)
{
  PERCFG = 0x00;       //位置 1 P0 口
  P0SEL = 0x3c;

  /* UART0 波特率设置 */
  /* 波特率: 38 400 */
  U0BAUD = 59;
  U0GCR = 10;

  U0CSR |= 0x80;  // UART 模式
  U0UCR |= 0x80;  //进行 USART 清除
  UTX0IF = 0;  //清零 UART0 TX 中断标志
  EA = 1;    //使能全局中断
}
/*********************************************************************
 * 函数名称: UART0SendString
 * 功   能: UART0 发送字节
 * 入口参数:
 * 出口参数: 无
 * 返 回 值: 无
 **********************************************************************/
```

```
void UART0SendString(char *Data,int len)
{
  uint i;
  for(i=0;i<len;i++)
  {
    U0DBUF=*Data++;
    while(UTX0IF==0);
    UTX0IF=0;
  }
}
/**************获取电压值并处理数据********************************/
void Get_val()
{
        uint16 sensor_val;
        sensor_val=get_adc();
        s[0]=sensor_val/100+'0';
        s[1]='.';
        s[2]=sensor_val/10%10+'0';
        s[3]=sensor_val%10+'0';
        s[4]='V';
        s[5]='\n';
}


/********************************************************************
 * 函数名称: main
 * 功    能: main 函数入口
 * 入口参数: 无
 * 出口参数: 无
 * 返 回 值: 无
 ********************************************************************/
void main(void)
{
  InitLED();
  initUART0();        // UART0 初始化
  T1CTL = 0x05;            //定时器1通道0，8分频；自动重载模式(0x0000->0xffff);
  CLKCONCMD &= 0x80;       //时钟速度设置为32MHz
  while(1)
  {
    if(  (IRCON & 0x02)==0x02)//查询溢出中断标志，是否有中断并且为定时器1发出的中断
    { IRCON &= ~0x02;        //清溢出标志
      counter++;
      if(counter ==60)   //1s
      {
        counter = 0;
        Get_val();
        UART0SendString("光敏传感器电压值",17);
        UART0SendString(s,6);
      }
    }
  }
}
```

八、启发与思考

以定时器 1 中断方式实现光敏传感器数据采集 ADC 程序，具体代码如下。

```
#include "ioCC2530.h"  //引用头文件,包含对 CC2530 的寄存器、中断向量等的定义
#include <string.h>
/********************************************************************/
//定义 LED 灯端口
#define LED1 P1_0      // P1_0 定义为 P1.0

typedef unsigned short uint16 ;
typedef unsigned long uint32;
typedef unsigned int uint;

unsigned int flag,counter=0; //统计溢出次数

char s[6];//定义一个数组的大小为 6
/********************************************************************/
void InitLED()
{
  P1SEL&=~0X01;              //P1_0 设置为普通的 IO 口    1111 1110
  P1DIR |= 0x01;    /* 配置 P1_0 的方向为输出 */
  LED1=0;
}
/**************************************************/
void hal_adc_Init(void)
{
  APCFG  |=1;
  P0SEL  |= (1 << (0));
  P0DIR  &= ~(1 << (0));

}
/*******************************************************************
*  名    称:      get_adc
*  功    能:      读取 A/D 值
*  入口参数:      无
*  出口参数:      16 位电压值,分辨率为 10mV, 如 0x0102 表示 2.58V
*******************************************************************/
uint16 get_adc(void)
{
  uint32 value;
  hal_adc_Init(); // ADC 初始化
  ADCIF = 0;    //清 ADC 中断标志
  //采用基准电压 AVDD5:3.3V, 通道 0, 启动 A/D 转换
  ADCCON3 = (0x80 | 0x10 | 0x00);
  while ( !ADCIF )
  {
     ;  //等待 A/D 转换结束
  }
  value = ADCH;
```

```
    value = value<< 8;
    value |= ADCL;
    // A/D 值转化成电压值
    // 0 表示 0V, 32 768 表示 3.3V
    // 电压值=(value*3.3)/32768（V）
    value =(value * 330);
    value = value >> 15;    //除以 32 768
    // 返回分辨率为 0.01V 的电压值
    return(uint16)value;
}
/***************串口通信初始化*******************************************/
void initUART0(void)
{
    PERCFG = 0x00;      //位置 1 P0 口
    P0SEL = 0x3c;

    /* UART0 波特率设置 */
    /* 波特率：38 400 */
    U0BAUD = 59;
    U0GCR = 10;

    U0CSR |= 0x80;   // UART 模式
    U0UCR |= 0x80;   //进行 USART 清除
    UTX0IF = 0;   //清零 UART0 TX 中断标志
    EA = 1;    //使能全局中断
}


/******************************************************************
* 函数名称：inittTimer1
* 功    能：初始化定时器 1 控制状态寄存器
* 入口参数：无
* 出口参数：无
* 返 回 值：无
*********************定时器初始化********************************/
void inittTimer1()
{

    /* 配置定时器 1 的 16 位计数器的计数频率，定时 0.2s，计数 10 次，即 2s 发一次数据
    Timer Tick      分频     定时器 1 的计数频率    T1CC0 的值    时长
    32MHz          /128       250kHz                 50000       0.2s   */

    CLKCONCMD &= 0x80;    //时钟速度设置为 32MHz
    T1CTL = 0x0E;         //配置 128 分频，模比较计数工作模式，并开始启动
    T1CCTL0 |= 0x04;   //设定定时器 1 通道 0 比较模式
    T1CC0L =50000 & 0xFF;                //把 50000 的低 8 位写入 T1CC0L
    T1CC0H = ((50000 & 0xFF00) >> 8);    //把 50000 的高 8 位写入 T1CC0H

    T1IF=0;              //清除定时器 1 的中断标志(同 IRCON &= ~0x02)
    T1STAT &= ~0x01;   //清除通道 0 的中断标志

    TIMIF &= ~0x40;   //不产生定时器 1 的溢出中断
```

```
    //定时器1的通道0的中断使能 T1CCTL0.IM 默认使能
    IEN1 |= 0x02;      //使能定时器1的中断
    EA = 1;            //使能全局中断
}


/*******************************************************************
* 函数名称: UART0SendString
* 功    能: UART0 发送字节
* 入口参数: 无
* 出口参数: 无
* 返 回 值: 无
*******************************************************************/
void UART0SendString(char *Data,int len)
{
  uint i;
  for(i=0;i<len;i++)
  {
    U0DBUF=*Data++;
    while(UTX0IF==0);
    UTX0IF=0;
  }
}
/**************获取电压值并处理数据*******************************/
void Get_val()
{
  uint16 sensor_val;
  sensor_val=get_adc();
  s[0]=sensor_val/100+'0';
  s[1]='.';
  s[2]=sensor_val/10%10+'0';
  s[3]=sensor_val%10+'0';
  s[4]='V';
  s[5]='\n';
}
/*******************************************************************
* 功    能: 定时器 T1 中断服务子程序
*******************************************************************/
#pragma vector = T1_VECTOR //中断服务子程序
__interrupt void T1_ISR(void)
{
  EA = 0;    //禁止全局中断
  counter++;
  if(counter>=10)       //每0.2s发一次字符串
  { counter=0;          //清标志位
  LED1 = !LED1;         //指示灯
  flag=1;
  }
  T1STAT &= ~0x01;     //清除通道0中断标志
  EA = 1;    //使能全局中断
}
```

```
/****************************************************************
* 函数名称: main
* 功    能: main 函数入口
* 入口参数: 无
* 出口参数: 无
* 返 回 值: 无
****************************************************************/
void main(void)
{
  InitLED();
  inittTimer1();  //初始化定时器 1
  initUART0();    // UART0 初始化
  while(1)
  {
    if(flag==1)
    {
      flag=0;
      Get_val();
      UART0SendString("光敏传感器电压值",17);
      UART0SendString(s,6);
    }
  }
}
```

任务三　人体红外传感数据采集

一、任务描述

采用人体红外传感器和 CC2530 组成一个开关量传感器采集系统,当人体红外传感器检测到人时,系统立即使 CC2530 模块上的 LED 点亮,反之则使 LED 熄灭。

二、任务目标

1. 训练目标

① 检验人体红外传感器数据采集的技能。

② 检验人体红外传感数据串口传输的技能。

2. 素养目标

① 培养学生在工作现场的 6S 意识和用电安全意识。

② 爱惜工具,注重场地整洁。

③ 具备积极、主动的探索精神。

三、相关知识

1. 人体红外传感器的工作原理

人体红外检测的原理是利用人体的体温总是恒定在 37.5℃左右,人体所辐射的红外线中心为 9~10μm,根据这一特性,选用检测相应波长的红外线的热释电传感器即可。探测元件的波长灵敏度在 0.2~20µm 范围内。

热释电效应同压电效应类似，是指由于温度的变化而引起晶体表面荷电的现象。热释电传感器是对温度敏感的传感器。它由陶瓷氧化物或压电晶体元件组成，在元件两个表面做成电极。在传感器监测范围内，温度有 ΔT 的变化时，热释电效应会在两个电极上产生电荷 ΔQ，即在两个电极之间产生一微弱的电压 ΔV。由于它的输出阻抗极高，因此在传感器中有一个场效应管进行阻抗变换。热释电效应所产生的电荷 ΔQ 会被空气中的离子所结合而消失，即当环境温度稳定不变时，$\Delta T=0$，则传感器无输出。当人体进入检测区时，因人体温度与环境温度有差别，将产生 ΔT，则有 ΔT 输出；若人体进入检测区后不动，则温度没有变化，传感器也没有输出了。所以这种传感器检测人体或动物的活动传感器。实验证明，传感器不加光学透镜（又称菲涅尔透镜），其检测距离小于 2m，而加上光学透镜后，其检测距离可大于 7m。

2. 人体红外传感器的组成

人体红外传感器的工作原理并不复杂，一个典型的传感器系统各部分的实体分别由待测目标、大气衰减、光学接收器、辐射调制器、红外探测器、探测器制冷器、信号处理系统和显示设备 8 部分组成。

（1）待测目标

根据待测目标的红外辐射特性可进行红外系统的设定。

（2）大气衰减

待测目标的红外辐射通过地球大气时，由于气体分子和各种溶胶粒的散射和吸收，将使红外源发出的红外辐射发生衰减。

（3）光学接收器

它接收目标的部分红外辐射并传输给红外传感器，相当于雷达天线，常用是物镜。

（4）辐射调制器

它可将来自待测目标的辐射调制成交变的辐射光，提供目标的方位信息，并可滤除大面积的干扰信号。它具有多种结构，又称调制盘或斩波器。

（5）红外探测器

这是红外系统的核心。它是利用红外辐射与物质相互作用所呈现出的物理效应探测红外辐射的传感器，在多数情况下是利用这种相互作用所呈现出的电学效应。此类探测器可分为光子探测器和热敏感探测器两大类型。

（6）探测器制冷器

由于某些探测器必须要在低温下工作，因此相应的系统必须有制冷设备。经过制冷，设备可以缩短响应时间，提高探测灵敏度。

（7）信号处理系统

它可对探测的信号进行放大、滤波，并从这些信号中提取信息。然后将此类信息转换成为所需要的格式，最后输送到控制设备或显示器中。

（8）显示设备

这是红外系统的终端设备。常用的显示器有示波器、显像管、红外感光材料、指示仪器和记录仪等。

3. 人体红外传感器技术指标

该系统选用 SS-101 人体红外传感器，其外形如图 10.7 所示。

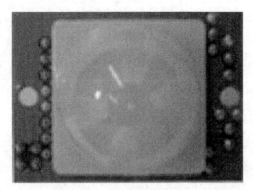

图10.7　人体红外传感器示意图

其技术指标具体如下。

① 工作电压为 4.5～20V。

② 静态电流为 60μA。

③ 输出信号，高电平为 2.5V，低电平为 0。

④ 电平保持时间为 0～999s。

⑤ 感应距离为 5～7m。

⑥ 感应角度为 110°。

四、任务实施

1. 电路分析

人体红外传感器电路如图 10.8 所示。

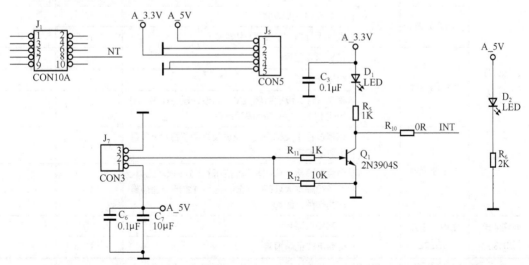

图10.8　人体红外传感器电路

通过 CC2530 的 I/O 口，采集传感器的开关量，然后通过 CC2530 串口把数据发送给上位机，这样上位机就能进行集中采集和处理。

2. 代码设计

本任务提供的开关量传感器为人体红外传感器，传感器的开关量采集端口为 CC2530 的

P0_1 口。P0_1 为高电平时表示没有感应到人，P0_1 为低电平时表示感应到人。具体程序代码如下。

```
while(1)                //无限循环
    {
        if(DATA_PIN == 1)
        {
            DelayMS(10);
            if(DATA_PIN == 1)
            {
                LED1 = 0;      //无人时 LED1 熄灭
            }
        }
        else
            LED1=1;            //有人时 LED1 亮
    }
}
```

五、考核与评价

红外传感数据采集项目训练评分标准如表 10.7 所示。

表 10.7　红外传感数据采集项目训练的评分标准

一级指标	二级指标	分值	扣分点及扣分原因	扣分	得分
训练过程（80%）	计划与准备	10	做好测试前的准备，不进行清点接线、设备、材料等操作扣除 2 分	5	
			带电拔插元器件扣除 1 分	5	
	电路分析	20	CC2530 引脚功能	10	
			数据采集与 CC2530 引脚关系	10	
	3.代码设计	30	正确建立工程	5	
			编写流程图	5	
			程序设计，包括引用头文件、设计延时程序、初始化 I/O、主程序代码设计等	20	
	4.职业素养	10	编程过程中及结束后，桌面及地面不符合 6S 基本要求的扣除 3~5 分	10	
		10	对耗材浪费，不爱惜工具，扣除 3 分；损坏工具、设备扣除本大项的 20 分；选手发生严重违规操作或作弊，取消成绩	10	
训练结果（20%）	实作结果及质量	20	工艺和功能验证	10	
			撰写考核记录报告	10	
总计		100			

六、任务小结

人体红外是利用人体体温 37℃左右特殊波长的红外线检测报警，只要接收即可。红外对射是利用发射端和接收端出现阻挡报警。

本任务使用 P0_1 作为检测引脚。P0_1 口为传感器的输入端。具体传感器 OUT 输出电平由模块决定，不同厂家可能不一样，但是改动非常小。

配置 P0.0 的方法：

```
#define DATA_PIN P0_1          //定义 P0_1 口为传感器的输入端
P0DIR &= ~0x02;               //P0_1 定义为输入口  0000 0010
```

七、参考程序

```
/****************************************************************
* 文 件 名：main.c
* 描    述：人进入其感应范围模块输出低电平，点亮 LED1，人离开感应范围输出高电平，LED1 熄灭
*          P0_1 口为传感器的输入端
****************************************************************/
#include <ioCC2530.h>

typedef unsigned char uchar;
typedef unsigned int  uint;


#define LED1     P1_0          //定义 P1_0 口为 LED1 控制端
#define DATA_PIN P0_1          //定义 P0_1 口为传感器的输入端


/****************************************************************
* 名    称：DelayMS()
* 功    能：以毫秒为单位延时 16M 时约为 535,系统时钟不修改默认为 16M
* 入口参数：msec 延时参数，值越大，延时越久
* 出口参数：无
****************************************************************/
void DelayMS(uint msec)
{
    uint i,j;

    for(i=0; i<msec; i++)
        for (j=0; j<535; j++);
}


/****************************************************************
* 名    称：InitGpio()
* 功    能：设置 LED 灯和 P0.4 相应的 IO 口
* 入口参数：无
* 出口参数：无
****************************************************************/
void InitLed(void)
{
    P1DIR |= 0x01;            //P1_0 定义为输出口
    P0SEL = 0x00;
    P0DIR &= ~0x02;          //P0_1 定义为输入口  0000 0010
    P2INP |= 0x20;            //0010 0000
}


void main(void)
```

```
{
    InitLed();                  //设置 LED 灯和 P0_6 相应的 IO 口

    while(1)                    //无限循环
    {
        if(DATA_PIN == 1)
        {
            DelayMS(10);
            if(DATA_PIN == 1)
            {
                LED1 = 0;    //无人时 LED1 熄灭
            }
        }
        else
            LED1=1;             //有人时 LED1 亮
    }
}
```

八、启发与思考

本任务从 CC2530 上通过串口每 2s 发送字符串"UART 发送数据"，在 PC 利用串口调试软件接收数据。使用 CC2530 的串口 0，波特率设为 38 400 波特。

```
#include "ioCC2530.h"
#include <string.h>

#define uchar unsigned char

#define LED P1_0
#define RT_PIN P0_1 //输入

unsigned int RT,counter=0;//
uchar RT_Value;

unsigned int get_swsensor()
{
  P0SEL&=~0x02;
  //P0DIR|=0x02;//0000 0010
  RT_Value = RT_PIN;
  P0SEL = 0x02;

  return RT_Value;
}

void InitLED()
{
  P1SEL&=~0x01;
  P1DIR|=0x01;
}
```

```
void Init_UART()   //串口初始化
{
  CLKCONCMD &= 0x80;  //晶振 32MHz

  PERCFG = 0x00;        //位置 1 P0 口
  P0SEL = 0x0C;         //P0 用作串口

  U0CSR |= 0x80;        //UART 模式
  U0BAUD=216;
  U0GCR=10;
  U0UCR|=0X80;  //进行 USART 清除并设置数据格式为默认值
  URX0IF=0;  //清零 UART0 RX 中断标志

  EA=1;

}


void InitTimer1()

{
  CLKCONCMD&=0x80;  //时钟频率设置 32MHz
  T1CTL=0x0E;        //配置 128 分频

  T1CCTL0|=0x04;                  //设置定时器 1 通道 0 比较模式
  T1CC0L=50000&0xFF;              //把 50000 的低 8 位写入 T1CC0L
  T1CC0H=((50000&0xFF)>>8);       //把 50000 的高 8 位写入 T1CC0H

  T1IF=0;            //清除定时器 1 中断标志等同于 IRCON&=~0x02
  T1STAT&=~0x01;    //清除通道 0 中断标志

  TIMIF&=~0x40;      //不产生定时器 1 的溢出中断
  IEN1|=0x02;        //使能定时器 1 的中断
  EA=1;              //使能全局中断
}

/****************************************************************
*函数功能：串口发送字符串函数
*入口参数：data：数据
*           len：数据长度
*返 回 值：无
*说    明：
****************************************************************/
void UartTX_Send_String(char *Data,int len)
{
  int j;
  for(j=0;j<len;j++)
  {
    U0DBUF = *Data++;
    while(UTX0IF == 0);
```

```
        UTX0IF = 0;
    }
}


#pragma vector=T1_VECTOR
__interrupt void T1_ISR(void)
{
  EA=0;//禁止全局中断
  counter++;
  RT=get_swsensor();//读取传感器的值

  if(counter>=10)//每0.2s发一次字符串
  {
    counter=0;
    LED=!LED;
    if(RT!=1)
    {
      UartTX_Send_String("有人\n",5);
    }
    else
    {
      UartTX_Send_String("没有人\n",7);
    }
  }
  T1STAT&=~0x01;//清除通道0中断标志
  EA=1;//使能全局中断
}

void main(void)
{
  InitLED();
  InitTimer1();
  Init_UART();
  while(1);
}
```

任务四 继电器控制

一、任务描述

本任务使用按键 P1_2 控制继电器 P2_0 的输入信号，如果按键按下，高电平继电器吸合，并且继电器吸合指示灯亮；低电平继电器断开灯熄灭。

① 持续按下按键 0.5s 后，继电器 P2_0 吸合，LED 灯常亮。

② 松开按键后，继电器 P2_0 断开，LED 灯常灭。

二、任务目标

1. 训练目标

① 检验继电器工作原理的掌握情况。

② 检验利用继电器实现 LED 灯控制的技能。

2. 素养目标

① 培养学生在工作现场的 6S 意识和用电安全意识。

② 爱惜工具，注重场地整洁。

③ 具备积极、主动的探索精神。

三、相关知识

1. 继电器概述

继电器（relay）是一种电控制器件，是当输入量（激励量）的变化达到规定要求时，在电气输出电路中使被控量发生预定的阶跃变化的一种电器。它具有控制系统（又称输入回路）和被控制系统（又称输出回路）之间的互动关系，通常应用于自动化控制电路中。它实际上是用小电流去控制大电流运作的一种"自动开关"。故在电路中起着自动调节、安全保护、转换电路等作用。继电器广泛应用于电力保护、自动化、运动、遥控、测量和通信等装置。

继电器的输入量可分为电气量（如电流、电压、频率、功率等）和非电气量（如温度、压力、速度等）两大类。当输入量（如电压、电流、温度等）达到规定值时，继电器使被控制的输出电路导通或断开。

2. 继电器的作用

继电器是具有隔离功能的自动开关元件，是最重要的控制元件之一。

继电器一般都有能反映一定输入变量（如电流、电压、功率、阻抗、频率、温度、压力、速度、光等）的感应机构（输入部分）；有能对被控电路实现"通""断"控制的执行机构（输出部分）；在继电器的输入部分和输出部分之间，还有对输入量进行耦合隔离、功能处理和对输出部分进行驱动的中间机构（驱动部分）。

作为控制元件，概括起来，继电器有如下作用。

① 扩大控制范围。例如，多触点继电器控制信号达到某一定值时，可以按触点组的不同形式，同时换接、开断、接通多路电路。

② 放大。例如，灵敏型继电器、中间继电器等，用一个很微小的控制量，可以控制很大功率的电路。

③ 综合信号。例如，当多个控制信号按规定的形式输入多绕组继电器时，经过比较综合，可以达到预定的控制效果。

④ 自动、遥控、监测。例如，自动装置上的继电器与其他电器一起，可以组成程序控制线路，从而实现自动化运行。

3. 继电器的工作原理

本任务使用的是 G6K-2F 继电器，它的端子配置/内部连接图如图 10.9 所示。

当 1、8 电路不通时，2、3 为常闭，3、4 为常开；6、7

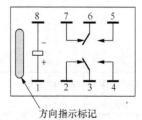

方向指示标记

图10.9　端子配置的内部连接示意图

为常闭，6、5 为常开。

当 1、8 电路导通时，2、3 为常闭断开，3、4 为常开闭合；6、7 为常闭断开，6、5 为常开闭合。

CC2530 单片机模块通过 P2_0 输入高电平，使三极管发射极和集电极导通，这样 R 两端 1、8 导通，继电器内部连接开关状态改变，然后继电器开始工作。本任务设计为通过按键来控制继电器的通断，按下按键 K₁，继电器闭合红灯亮；松开按键 K₁，继电器断开红灯灭。

四、任务实施

1. 硬件连接

将继电器传感器模块插入 CC2530 模块，注意板卡上箭头指示方向和防反插指针位置，并将直连串口线的两端分别连接 CC2530 模块和 PC。

2. 软件编译

在 IAR Embedded Workbench 环境下编写实验代码，并编译、下载、运行。

3. 程序运行

按下 K₁ 按键，听到继电器"嗞"的一声，观察 LED 灯状态。松开 K₁ 按键，观察 LED 灯状态。

五、考核与评价

继电器控制项目训练的评分标准如表 10.8 所示。

表 10.8   继电器控制项目训练的评分标准

一级指标	二级指标	分值	扣分点及扣分原因	扣分	得分
训练过程（80%）	计划与准备	10	做好测试前的准备，不进行清点接线、设备、材料等操作扣除 2 分	5	
			带电拔插元器件扣除 1 分	5	
	电路分析	20	CC2530 引脚功能	10	
			设置继电器的输入引脚	10	
	代码设计	30	正确建立工程	5	
			编写流程图	5	
			程序设计，包括引用头文件、设计延时程序、初始化 I/O、继电器控制程序、主程序代码设计等	20	
	职业素养	10	编程过程中及结束后，桌面及地面不符合 6S 基本要求的扣除 3~5 分	10	
		10	对耗材浪费，不爱惜工具，扣除 3 分；损坏工具、设备扣除本大项的 20 分；选手发生严重违规操作或作弊，取消成绩	10	
训练结果（20%）	实作结果及质量	20	工艺和功能验证	10	
			撰写考核记录报告	10	
总计		100			

六、任务小结

继电器实际是用小电流去控制大电流运作的一种"自动开关",它在电路中起着自动调节、安全保护、转换电路的作用。ZigBee 继电器模块,类似开关采集器和继电器二合一。

本任务使用 P2_0 作为继电器的输入端,高电平继电器吸合,并且指示灯亮;低电平是继电器断开,指示灯熄灭。不同厂家可能不一样,但是改动非常小,修改引脚定义即可实现。

P2_0 继电器配置方法如下。

```
#define relay P2_0    //定义继电器为 P2_0 口
P2DIR |= 0x01;//0000 0001
```

七、参考程序

```
/*****************************************************************
 * 文 件 名：main.c
 * 描    述：使用 P1_2 口控制继电器的信息端,如果按键按下,高电平继电器吸合,点亮 LED1;
松开按键,继电器断开,LED1 熄灭
 * P2.0 口为继电器的输入端
 *****************************************************************/
#include <ioCC2530.h>

#define uint unsigned int
#define uchar unsigned char

#define LED1 P1_0    //定义 LED1 为 P1_0 口

#define relay P2_0  //定义继电器为 P2_0 口
#define K1 P1_2      //定义按键为 P1_2 口

//函数声明
void Delay(uint);        //延时函数
void Initial(void);      //初始化
uchar KeyScan(void);

uchar Keyvalue = 0 ;

/*****************************
//延时
*****************************/
void Delay(uint time)
{
  uint i;
  uchar j;
  for(i = 0;i < time;i++);
  for(j = 0;j < 240;j++);
  {
    asm("NOP");
    asm("NOP");
    asm("NOP");
```

```
  }
}
/**********************************
//初始化程序
*********************************/
void Initial(void)
{
  P1DIR|= 0x01;  //P1_0定义为输出
  P1DIR &= ~0X04;   //Sw1按键在P1_2，设定为输入
  LED1=0;    //LED熄灭
}


/*******************************************
//读键值
******************************************/
uchar KeyScan(void)
{
  if(K1 == 0)
  {
    Delay(100);
    if(K1 == 0)
    {
      while(!K1);
      return(1);
    }
  }
  return 0;
}

void write_relay_1(void)//继电器控制引脚输出1
{
  relay = 1;
}


void write_relay_0(void)//继电器控制引脚输出0
{
  relay = 0;
}


/*************************
//主函数
************************/
void main(void)
{
  Initial();          //调用初始化函数
  Delay(4000);
  Delay(4000);
  P2DIR |= 0x01;//0000 0001
  LED1= 0;
  relay=0;      //初始化状态继电器输出0，断开
```

```
  while(1)
  {
    Keyvalue = KeyScan(); //扫键
    if(Keyvalue>0)
    {
      if(Keyvalue == 1) //K₁按键按下，继电器吸合，红灯亮
      {
        LED1 = 1;              //亮灯
        write_relay_1();
      }
    }
  }
}
```

八、启发与思考

本任务使用 CC2530 片上系统的片内 USART 控制器，工作于 UART 模式，在 PC 上从串口向 CC2530 模块发送命令，单片机通过 UART0 中断接收方式即可控制 LED 灯的亮灭。本任务使用 CC2530 的串口 1，波特率设为 57 600 波特。通过串口发送 10#实现继电器关，发送 11#实现继电器开。

```
#include "ioCC2530.h"
#include "string.h"

#define JD P2_0
#define LED P1_0

#define ON 1      //定义继电器开
#define OFF 0     //定义继电器关

#define uint unsigned int
#define uchar unsigned char
#define DATABUFF_SIZE 3//数据缓冲区大小

uchar buff[DATABUFF_SIZE];//数据缓冲区
uint uIndex=0;// 数据缓冲区的下标

void Init_LED(void)
{
P2SEL&=~0x01;//设置继电器口为普通IO
P2DIR|=0x01;//设置继电器口为输出
JD=0;
}

void Init_UART()  //串口初始化
{
 CLKCONCMD &= 0x80;              //晶振32MHz

  PERCFG = 0x00;                 //位置1 P0口
  P0SEL = 0x0C;              //P0用作串口

  U0CSR |= 0x80;     //UART方式
```

```
    U0BAUD=216;
    U0GCR=10;
    U0UCR|=0X80;//进行 USART 清除并设置数据格式为默认值
    URX0IF=0;   //清零 UART0 RX 中断标志
    U0CSR|=0x40;//允许接收
    URX0UE=1;//使能 UART0 RX 中断
    EA=1;
}

void receive_handler(void)
{
uchar c;
c=U0DBUF;
buff[uIndex]=c;
if(c=='#'&&uIndex>=DATABUFF_SIZE-1)     //#表示字符串的结束符
{
switch(buff[uIndex-1])
{
case '0'://11#第一位表示继电器的序号（如果有多个继电器）；第二位数字表示继电器的状态（例
如：1 表示开，表示关）
JD=OFF;
LED=0;
break;
    case '1'://11#第一位表示继电器的序号（如果有多个继电器）；第二位数字表示继电器的状态（例
如：1 表示开，表示关）
JD=ON;
LED=1;
break;
}
for(int i=0;i<uIndex;i++)
buff[i]=(uchar)NULL;
uIndex=0;
}
else uIndex++;
}

#pragma vector=URX0_VECTOR
__interrupt void URX0_ISR(void)
{
URX0IF=0;//
receive_handler();//
}

void main(void)
{
P1SEL&=~0x01;
P1DIR|=0x01;
LED=0;
Init_LED();
Init_UART();
while(1);
}
```

CC2530

附 录

附录 A　CC2530 引脚描述

引脚序号	引脚名称	类型	引脚描述
1	GND	电源 GND	连接到电源 GND，接地线
2	GND	电源 GND	连接到电源 GND，接地线
3	GND	电源 GND	连接到电源 GND，接地线
4	GND	电源 GND	连接到电源 GND，接地线
5	P1_5	数字 I/O	端口 1.5
6	P1_4	数字 I/O	端口 1.4
7	P1_3	数字 I/O	端口 1.3
8	P1_2	数字 I/O	端口 1.2
9	P1_1	数字 I/O	端口 1.1
10	DVDD2	电源（数字）	数字电源
11	P1_0	数字 I/O	端口 1.0，20mA 驱动能力
12	P0_7	数字 I/O	端口 0.7
13	P0_6	数字 I/O	端口 0.6
14	P0_5	数字 I/O	端口 0.5
15	P0_4	数字 I/O	端口 0.4
16	P0_3	数字 I/O	端口 0.3
17	P0_2	数字 I/O	端口 0.2
18	P0_1	数字 I/O	端口 0.1
19	P0_0	数字 I/O	端口 0.0
20	RESET_N	数字输入	复位，低电平有效
21	AVDD5	电源（模拟）	2~3.6V 模拟电源连接
22	XOSC-Q1	模拟 I/O	32MHz 晶振引脚 1 或外部时钟输入
23	XOSC-Q2	模拟 I/O	32MHz 晶振引脚 2
24	AVDD3	电源（模拟）	2~3.6V 模拟电源连接
25	RF_P	I/O	RX 期间负 RF 输入信号到 LAN
26	RF_N	I/O	RX 期间正 RF 输入信号到 LAN
27	AVDD2	电源（模拟）	2~3.6V 模拟电源连接
28	AVDD1	电源（模拟）	2~3.6V 模拟电源连接
29	AVDD4	电源（模拟）	2~3.6V 模拟电源连接
30	RBIAS	模拟 I/O	参考电流的外部精密偏置电阻
31	AVDD6	电源（模拟）	2~3.6V 模拟电源连接
32	P2_4	数字 I/O	端口 2.4
33	P2_3	数字 I/O	端口 2.3

（续表）

引脚序号	引脚名称	类型	引脚描述
34	P2_2	数字 I/O	端口 2.2
35	P2_1	数字 I/O	端口 2.1
36	P2_0	数字 I/O	端口 2.0
37	P1_7	数字 I/O	端口 1.7
38	P1_6	数字 I/O	端口 1.6
39	DVDD1	数字 I/O	2~3.6V 数字电源连接
40	DCOUPL	电源（数字）	1.8V 数字电源去耦

CC2530 单片机输入输出引脚定义如下。

P0_0：模拟量 ADC 传感器采集端口。

P0_1：数字量传感器采集端口。

P0_2：串口 0 接收端口（RX）。

P0_3：串口 0 发送端口（TX）。

P0_6：温湿度传感器通信数据端口。

P0_7：温湿度传感器通信时钟端口。

P1_2：按键 SW1。

P1_0：LED1。

P1_1：LED2。

P1_3：LED3。

P1_4：LED4。

P2_0：继电器控制端口。

P2_1：可用于 DEBUG 调试数据端口。

P2_2：可用于 DEBUG 调试时钟信号端口。

注意：

① PxSEL 用于设置端口为通用 I/O 口或外设 I/O 口；复位后所有的数字输入/输出引脚都设置为通用输入引脚。PxDIR 用于设置端口输入、输出。外设 I/O 位置的选择使用寄存器 PERCFG 来控制。

② P2SEL 寄存器主要用来设置端口 1 外设的优先级，P2DIR 寄存器主要设置端口 0 外设的优先级，没有端口 2 的优先级设置寄存器。

③ P1_0 和 P1_1 没有上拉和下拉功能。

④ P2INP 可以配置 P0、P1、P2 端口为上拉或下拉功能。

⑤ P2 端口只包括 P2_0、P2_1、P2_2、P2_3 和 P2_4。

⑥ P2_1 和 P2_2 可分别用于 DEBUG 调试数据和时钟信号端口。当处于调试模式时，调试接口控制这些引脚的方向，并且这些引脚上禁用上拉和下拉功能。

⑦ ADC 采集只能在 P0 口。

附录 B　CC2530 外设 I/O 引脚

外设功能	P0								P1								P2				
	7	6	5	4	3	2	1	0	7	6	5	4	3	2	1	0	4	3	2	1	0
ADC	A7	A6	A5	A4	A3	A2	A1	A0													
USART0_SPI			C	SS	MO	MI															
Alt.2											C	SS	MO	MI							
USART0_UART			RT	CT	TX	RX															
Alt.2											RT	CT	TX	RX							
USART1_SPI			MI	MO	C	SS															
Alt.2									MI	MO	C	SS									
USART1_UART			RX	TX	RT	CT															
Alt.2									RX	TX	RT	CT									
TIMER1		4	3	2	1	0															
Alt.2	3	4												0	1	2					
TIMER3												1	0								
Alt.2									1	0											
TIMER4															1	0					
Alt.2																		1			0
32kHz XOSC																	Q1	Q2			
DEBUG																			DC	DD	

注意：
① ADC 采集只能在 P0 口。
② Alt.2 表示备选位置。

附录 C 英语词汇

blink	闪烁	select	选择
clock	时钟	sleep	睡眠状态
count	计算	string	字符串
counter	计数器	source	源
data	数据	system	系统
delay	延时	strlen	字符长度
destination	目的	struct	结构体
error	错误	Serial Peripheral Interface	串行外设接口
feed	喂养	temp	临时
flag	标示，标志	timer	定时器
handler	处理器，处理者	temperature	温度
len	数据长度	typedef	类型定义
include	包含	uart	串口
get	获取，得到	unsigned	无符号的,无正负之分的
random	随机的	uint	无符号整型
pause	暂停	vector	矢量
main	主函数	watchdog	看门狗
interrupt	中断	while	在……期间;与……同时
pragma	编译指示	number	数量，数目
print	打印	power	功耗
set	设置	mode	模式
send	发送	receive	接收

CC2530

参考文献

[1] 彭文胜，谢金龙，邹梓秀. 职业院校学生训练教程物联网应用技术[M]. 北京：高等教育出版社，2016.

[2] 谢金龙，邹梓秀. 湖南物联网应用技术专业考试标准及学生抽查题库[M]. 长沙：湖南大学出版社，2016.

[3] 谢金龙，邓人铭. 物联网 CC2530 无线传感器网络技术及应用[M]. 北京：人民邮电出版社，2016.

[4] 谢金龙，邓子云. 物联网工程设计与实施[M]. 大连：东软电子出版社，2012.

[5] 杨瑞，董昌春. CC2530 单片机技术与应用[M]. 北京：机械工业出版社，2016.